主　编　李　哲　李　岩　王天威

副主编　张一鑫　肖　跃　李辰曦

参　编　朱　兵　张柏青　李　怡
张林峰　郝胤同　衣法仁
王宇涵　边　雪　刘　燕
李金花

机械工业出版社

本书以讲故事的形式，向读者介绍人工智能的起源、发展、应用和未来。以《终结者》《我，机器人》等影视作品中出现过的人工智能为例，回答大家关心的问题。例如，什么是人工智能？它与机器人是什么关系？人工智能目前发展到了什么阶段？能够战胜人类的终极人工智能真的会被制造出来吗？作者把人工智能技术中涉及的晦涩难懂的专业名词以技术特征代替，用有趣的文字语言和精致的手绘插图向读者揭示人工智能不为人知的奥秘。

本书适合对人工智能感兴趣的大众读者、学生、老师阅读。

图书在版编目（CIP）数据

漫话AI / 李哲，李岩，王天威主编. -- 北京 ：机械工业出版社，2025. 5. -- ISBN 978-7-111-77982-7

Ⅰ. TP18

中国国家版本馆CIP数据核字第202534AX21号

机械工业出版社（北京市百万庄大街22号　邮政编码100037）

策划编辑：林　桢　　　　责任编辑：林　桢

责任校对：龚思文　李小宝　　封面设计：鞠　杨

责任印制：李　昂

涿州市般润文化传播有限公司印刷

2025年5月第1版第1次印刷

169mm×230mm・8印张・106千字

标准书号：ISBN 978-7-111-77982-7

定价：59.00 元

电话服务　　网络服务

客服电话：010-88361066　　机　工　官　网：www.cmpbook.com

010-88379833　　机　工　官　博：weibo.com/cmp1952

010-68326294　　金　书　网：www.golden-book.com

机工教育服务网：www.cmpedu.com

让我们打开未来之门

在人工智能“颠覆”世界的前夜，有的人不知道人工智能是什么，有的人熟视无睹、置若罔闻，有的人害怕人工智能成为人类的“对手”……面向未来，我们如何应对？

正当面对这些困惑的时候，我有幸读到了《漫话 AI》这本书。书中用通俗易懂的语言、生动有趣的故事向我们介绍了人工智能的过去、现在和未来。同时，也向我们普及了人工智能的关键技术、应用领域、伦理规范等知识。我认为，只有对人工智能有深入的理解，才能找到面向未来如何应对的答案。这本书恰好能帮助我们，特别是青少年读者，理解人工智能，从而找到打开未来之门的钥匙。

技术创新突破是打开未来之门的第一把钥匙。这本书全面、细致地介绍了人工智能的起源和发展，从最初的分析机到图灵机、深蓝、AlphaGo 再到 ChatGPT、DeepSeek，研究人员在人工智能技术上的一步又一步的突破，成为技术革新的重要引擎。

基础学科研究是打开未来之门的第二把钥匙。这本书为我们普及了人工智能的关键技术和应用领域。实际上，这些关键技术与基础学科，如数学、物理、信息科学等紧密相关。这就告诉我们，技术创新突破依赖于对基础学科的深入研究，要大力加强基础学科和交叉学科研究。

创新人才培养是打开未来之门的第三把钥匙。这本书向我们生动地展示了人工智能技术的一大批奠基人的风采。这些科技“大咖”都有共同的特点：兴趣广泛、涉猎众多、才思过人、怀揣梦想、充满激情。这些正是未来创新人才应具备的人格特质。

伦理约束保障是打开未来之门的第四把钥匙。这本书探讨了人工智能技术给人类社会带来的风险和挑战。如书中所言，人工智能带来的不仅是科学技术的变革，也是思想文化、社会组织的变革。人工智能虽然强大，但也需要人类制定规则，确保人工智能技术的开发与应用符合人类伦理规范。

这本书带给我们的思考和启发还有很多方面，其作为李岩老师主持的北京市教育科学规划课题的研究成果，对于基础教育工作者研究人工智能在教育教学中的应用具有重要的参考借鉴价值。对于中小学生和人工智能爱好者而言，这本书也是学习人工智能的一本优秀科普著作。

当然，面向未来，我们仅有这四把钥匙是远远不够的。我们每个人都要肩负起人类走向美好未来的责任，积极参与到人工智能的学习与应用中来。让我们以《漫话 AI》这本书为契机打开未来之门！

北京教育科学研究院　占德杰

2025 年 4 月

PREFACE

在这个信息爆炸、技术日新月异的时代，人工智能（AI）已经成为一个无处不在的话题，它不仅深刻地影响着我们的日常生活，还在医疗、金融、教育、安全等多个领域发挥着重要作用。随着 AI 技术的飞速发展，它所带来的变革和挑战也日益凸显，这促使我们不得不深入思考 AI 的本质、发展、应用以及未来走向。正是在这样的背景下，我撰写了本书[1]，希望能够为读者提供一个全面、深入的视角，以理解 AI 的过去、现在和未来。

本书第 1 章追溯了 AI 的起源。从古代神话中的“人造人”到 19 世纪查尔斯·巴贝奇的“差分机”和“分析机”，再到 20 世纪中叶的电子计算机和图灵测试，我们可以看到人类对于智能机器的不懈追求。本章不仅介绍了 AI 技术的发展史，还介绍了诸如阿兰·图灵、约翰·麦卡锡等 AI 领域的奠基人，他们的理论和实践为 AI 的诞生和发展奠定了坚实的基础。第 2 章，聚焦 AI 的发展过程，介绍了 AI 经历的三次浪潮和两次寒冬。每一次浪潮都伴随着技术的飞跃和应用的拓展，而每一次寒冬则是对 AI 技术的反思和沉淀。通过阅读本章，读者可以了解到 AI 技术是如何在挑战和机遇中不断前行的。第 3 章，深入探讨了 AI 的关键技术，包括机器学习、语音识别、图像处理和人工神经网络等。这些技术是 AI 发展的核心，它们的进步直接推动了 AI 应用的广泛化和深入化。第 4 章，将视角转向 AI 的应用领域，我们

[1] 本书系北京市教育科学“十四五”规划 2024 年度一般课题“生成式人工智能技术支持下跨学科主题学习设计与实施的研究”（课题批准号：CDGB24341）的相关成果。

可以看到AI如何在医疗、金融、军事、教育和安全等领域中发挥作用，并改变了这些行业的运作方式和效率。第5章，重点讨论了AI的伦理规范问题。随着AI技术的发展，情感进化、潜在威胁和伦理法则等问题逐渐成为公众关注的焦点。本章旨在引导读者思考如何在享受AI带来的便利的同时，确保技术的健康发展和社会责任。最后一章，展望了AI的未来之路。生成式AI的广泛应用、面临的挑战以及如何拥抱AI走向未来，都是我们不得不面对的问题。本章不仅提供了对未来的预测，也提出了对当前技术发展的深刻反思。

在撰写本书的过程中，我深深感觉到AI技术的发展不仅仅是技术层面的突破，更是会对人类社会、文化、伦理和未来产生深刻影响。AI技术的进步为人类带来了前所未有的便利和效率，但同时也带来了挑战和风险。如何平衡技术发展与社会责任，如何在享受技术红利的同时确保技术的伦理和安全，是我们每个人都需要思考的问题。本书的撰写旨在提供一个平台，让读者能够全面了解AI的发展历程、关键技术、应用领域以及未来趋势，同时也希望能够激发读者对AI技术更深层次的思考和讨论。在这个AI技术日益渗透生活的世界中，每个人都有责任和义务去理解和参与这场技术革命，以确保它能够为人类带来最大的福祉。

最后，我想感谢这个AI的时代，感谢所有为AI技术发展做出贡献的科学家和工程师，他们的智慧和努力让我们能够站在巨人的肩膀上，享受如此便利的当下，展望更加美好的未来。同时，也衷心邀请每一位读者，一起拥抱AI，奔向未来。

李岩

2024.12

CONTENTS

第 1 章 人工智能的起源

说起人工智能，你首先会想到什么？是《终结者》中的 T800 机器人，还是在举世瞩目的围棋人机大战中获胜的 AlphaGo，抑或是无所不能的 ChatGPT？接下来，我们就一起了解一下人工智能的起源。

1.1 人工智能初问世

人工智能问世之初就注定了它的不平凡。虽然“人工智能”的概念直到20世纪50年代以后才被提出，但是人们对于这种人造智能的追求却由来已久，这从各种古老的神话传说和历代工匠制作自动人偶的实践中都可以看出。在古希腊的神话中就已经出现了“人造人”，如火神赫菲斯托斯打造的“黄金美女”和皮格马利翁雕刻的“伽拉忒亚”。在我国的古籍和传说中也有类似记载，如《列子·汤问》中记录的偃师献给周穆王的歌舞人偶“能倡者”。虽然“偃师献技”只是列子在战国时科学发展的基础上所独创的科学幻想寓言，但寓言中这个由人工材料组装的歌舞人偶“能倡者”，不仅外貌完全像一个真人，能歌善舞，而且还有思想感情，可以以假乱真。如图1-1所示，由AI生成的“能倡者”外形栩栩如生（本书图片均由AI生成，后同）。现在看来，其已经具备了人工智能的诸多特点，完全可以与现代人工智能媲美。

图1-1 偃师献给周穆王的“能倡者”

时间来到19世纪，在英国政府的资金支持下，英国数学家查尔斯·巴贝奇（Charles Babbage）提出了数学机器“差分机”（Difference Engine）和“分析机”（Analytical Engine）的概念，使人类社会迈入计算机时代。“差分机”结构复杂、体积庞大，目的是用来进行诸如编制数学用表这样的计算；“分析机”能够满足所有的数学计算，目的是成为真正的通用计算机。然而，被寄予厚望的“分析机”由于各种原因最后并没有完成，甚至连设计都不完整。

第二次世界大战爆发后，一大批数学家因为战争的需要而致力于解决复杂的数学问题，开始集中研究计算机。当时的计算机还只能进行一些简单的计算工作。直到“二战”后期，美国宾夕法尼亚大学研制的“电子数字积分计算机”埃尼阿克（Electronic Numerical Integrator and Computer，ENIAC）问世，成为世界上第一台电子计算机。

如图1-2所示，ENIAC体积巨大且十分笨重。在执行新的任务时，工

图1-2 世界上第一台计算机“ENIAC”

作人员需要移动电线或者搬动开关等操作。不过受到其制造经验的启发，第二次世界大战结束三年后，真正意义上的编程计算机就成功问世了。它不用改变电路的接线方式，而是通过编写不同的程序就可以改变计算机所从事的计算工作，相当于通过软件编程就可以创造一台新的计算机，大大提高了效率。20 世纪，人类在数理逻辑研究上的突破使得现代计算机和人工智能成为可能。

1945 年 6 月，数学博士冯・诺依曼（John von Neumann，1903—1957）在《关于离散变量自动电子计算机的草案》一文中提出程序和数据一样可以存储在计算机内的存储器中，并进一步提出了电子计算机的基本架构，该架构被人们称为“冯・诺依曼结构”。按照冯・诺依曼的构思，只用 ENIAC 十分之一的元件就可以实现更高的性能。时至今日，虽然计算机性能已经大幅提升，但仍然没有脱离冯・诺依曼结构的基本框架。

现在看来，有研究者将数字计算机的出现定义为人工智能技术的开始是有一定道理的。一方面，因为计算机的基本结构类似于人类大脑的信息加工系统。作为输入设备的键盘相当于人的眼睛和耳朵；作为输出设备的显示器和打印机相当于会说话的嘴巴；中央处理单元（CPU，包括逻辑运算和逻辑控制单元）则类似于人类思考的大脑；而存储器（RAM、ROM）相当于人类大脑中负责记忆的部分。计算机通过键盘输入数据和信息，由中央处理单元负责控制和运算，然后将处理的信息和数据的结果存储在存储器中。需要时，再将数据和结果从存储器中读取出来，由显示器等输出设备显示。显然，计算机的工作过程也类似于人类大脑对信息的加工处理的过程。人通过耳朵听、眼睛看获取外界信息，经过大脑思考计算和处理后保存在记忆中，需要时通过口语表达和手写的方式输出。正因如此，早期的人工智能研究也热衷于类似的信息加工和符号处理的方法。

另一方面，人工智能作为计算机科学的一个分支，是为了更加深入地模仿人类大脑的思维和智慧活动。为了让机器模仿和实现人类的智能，作为人工智能的硬件系统从结构方面也是在模仿人类大脑的神经网络。电子计算机的发明最初是为了代替人脑进行重复烦琐的计算工作，而现在它的功能和作用早已不满足于计算，而是不断尝试替人类做出决策。

至此，人类社会前两次工业革命所做的科学技术储备，已经为人工智能技术的问世和发展打下了坚实的基础。

1.2 图灵测试：辨别 AI

1948 年夏天，一个英国人第一次提出人工智能的概念。他就是阿兰·麦席森·图灵（Alan Mathison Turing），被誉为“计算机科学之父”和“人工智能之父”，是 20 世纪最杰出的数学家和计算机科学家之一。他的一生对计算机科学、人工智能、密码学等领域产生了深远的影响。由 AI 生成的阿兰·图灵画像如图 1-3 所示。

图 1-3 阿兰·图灵画像

1912 年，阿兰·图灵出生于英国伦敦的一个富裕家庭。9 岁就读于哈泽尔赫斯特名为“威尔士”的预科学校，因父母常年在印度，他年少时缺少陪伴，因此性格孤僻。图灵从小就表现出了异于常人的数学天赋，对自然科学和数学产生了浓厚兴趣。他 14 岁时进入伦敦的谢伯恩公立学校学习，期间展现出了非凡的智力和对科学的热爱。在数学课上，他从来不听讲，也不盲目地照搬书本上的知识，而是坚持自己推导出所有的定理。为此老师十分不满意，将图灵的父亲找来告状，还嘲讽地说：“你的孩子学习严重偏科，除了数学其他学科一塌糊涂。他要是想当科学家，那还是另请高明吧！”然而，这位缺乏耐心的老师怎么也想不到，这个“严重偏科”的学生后来竟真的成为世界上最伟大的科学家之一。

图灵在中学时因成绩优异获得国王爱德华六世数学金盾奖章，随后在剑桥大学期间，他的数学能力得到充分发展，发表了多篇重要论文。毕业后，图灵到美国普林斯顿大学攻读博士学位，并于 1938 年获得博士学位。他的博士论文《以序数为基础的逻辑系统》在数理逻辑研究中产生了深远影响。

图灵是科班出身的数学家，在他生活的那个年代，数学就是脑袋加纸笔。他一直在想，既然数学是一门严谨而富于逻辑的学问，那么能不能发明一种机器代替纸笔进行数学运算，进而帮助人们解决一切数学和逻辑可以解决的问题？一天，他又躺在学校的草坪上仰天冥想，突然一个简单的机械装置浮现出他的脑海中，这就是后来被称为图灵机的虚拟计算装置。他的这个装置是现代计算机的核心原型和本质概括。

1936 年，图灵在论文《论可计算数及其在判定问题上的应用》中提出“图灵机”概念。“图灵机”不是具体机器，而是一种思想模型，是一种十分简单但运算能力极强的计算装置，可用来计算所有能想象得到的可计算函数。图灵机由 3 个部分构成：一条无限长的纸带，上面有无穷多的格子，每个格子里可以写 1 或 0；一个可以移动的读写头，每次可以向当前指向的格子读或写 1 或 0；一个逻辑规则器，可以根据在当前纸带位置上读到的是 1 还是 0，结合逻辑规则，指示读写头向前或向后移动一个格子，或在当前的格子里写入 1 或 0。图灵证明了他的这个装置与计算理论中的丘奇论题和哥德尔递归函数等价，从而使这个简单装置具有无限计算能力。有了图灵机，我们就可以把原来纯数学和逻辑的东西与物理世界的实体装置联系起来，函数变成了规则控制下的纸带和读写头。它为现代通用计算机的诞生奠定了理论基础，被永远载入计算机的发展史。

第二次世界大战爆发后，德国军队占领了波兰。图灵被英国军队火速召往布莱切利园。这个庄园其实是英国政府的密码学校和密码破译基地，负责为英国海陆空三军提供密码加解密服务。图灵的工作是负责破解德国传奇的 Enigma 加密机。虽然战时的工作十分繁重，但是图灵也没有放弃对机器与智能问题的思考。战后，他来到曼彻斯特大学任教，将自己对机器与智能问题的思考写成了文章，这就是 1950 年他在英国哲学杂志《心》上发表的又一篇具有划时代意义的论文《计算机器与智能》。

1950 年，图灵在《计算机器与智能》一文中首次提出机器具备思维的可能性和“图灵测试”的概念。“图灵测试”是一种用于评估人工智能系统智能程度的测试方法，其基本原理是测试者通过与被测试者（一个人和一台机器）在隔离状态下进行对话，如果测试者无法分辨被测试者是机器还是人类，那么这台机器就可以被认为是通过了图灵测试，即表现出了具有欺骗性的人类智能。

如图 1-4 所示，图灵测试包含三个参与者，分别是评判者（人类），被测试的机器和另一个被测试者（人类）。评判者通过对机器和人类的提问及回答来判断哪一个是机器，哪一个是人类。评判者被隔离，不能直接看到被测试者，通常通过计算机终端或书面形式交流，评判者可以提出任何问题，机器的目标是欺骗评判者使其无法准确区分，而人类的目标是通过提问来判断。图灵测试没有固定的时间限制，强调测试的一般性，即机器要能够在不同领域表现得像人类一样。如果机器能够以让评判者无法准确判断其是否为机器的方式回答问题，那么它就通过了图灵测试。

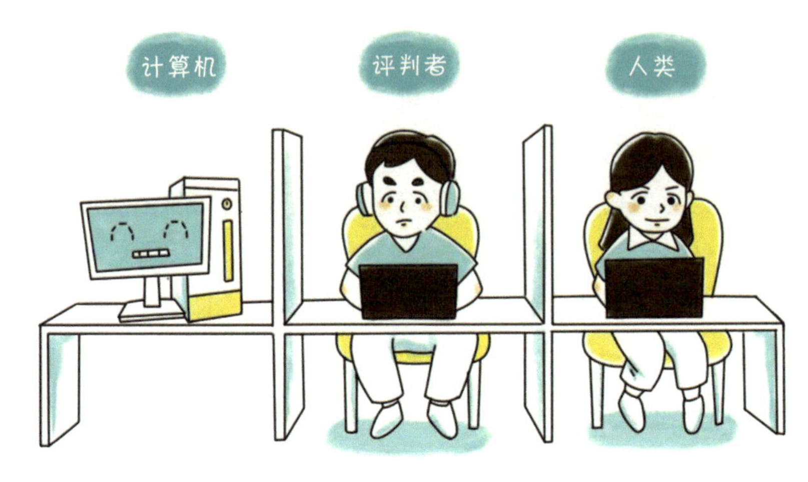

图 1-4 “图灵测试”

通过了图灵测试，是否就意味着机器具有人的全部智慧了呢？对此，说法不一。计算机只要在行为上能表现得像人类就算达到了人工智能，还是要从根本上拥有和人类相同的思维方式？塞尔（Searle）设计了一个特别的思想实验来回答这一问题，这个实验的名称叫“中文房间”。该实验明确说明，即使通过了图灵测试，机器具有的也只是人工智能，并不是人的智能。原因很简单，因为只是文字通过了测试，并不意味着现实中就能通过。现实中，完全有可能文字通过了，可是其他方面不对。作为人，不光是通过文字理解世界，还要通过视觉、触觉、听觉、味觉等全面地感知世界。只有在所有方面通过，才可能算人的智能。

由此，人们将人工智能进一步划分成弱人工智能和强人工智能两类。弱人工智能只要求计算机能模拟人类的行为，重点在于呈现的效果，不要求达到效果的途径与人类机体相同。典型的弱人工智能是以 Siri 为代表的自然语言处理技术。与此相对应的是强人工智能。强人工智能要求计算机能够真正模拟人类的思维方式，能够进行推理和解决问题。这种机器被认为有自主意识，是人工智能未来的发展方向。

1.3 达特茅斯的夏天

1956年夏天，坐落在美国新罕布什尔州的达特茅斯学院宁静而美丽。当时正值暑假，学生们都跑出去享受夏天的阳光和乐趣了，校园里十分安静。没有人注意到一群貌不惊人的理工男正专注在自己的世界里，幻想着以自己的方式创造出一种具有人类智能的机器。他们时而高谈阔论，争吵不休；时而陷入深思，沉默寡言；时而把自己独自关在屋里，门上挂起"请勿打扰"的牌子；时而结伴在校园的草坪上散步漫行，倾心交谈。他们讨论的议题广泛，包括自动计算机（自动指可编程）如何为计算机编程使其能够使用语言、神经网络、计算规模理论、自我改进（指机械学习）、抽象、随机性与创造性等。会议上讨论的各种理论、方法和技术，如神经网络、机器学习、符号逻辑等，为人工智能的后续发展奠定了理论基础。虽然当时的研究还处于初级阶段，但这些早期的探索为后来人工智能的蓬勃发展提供了重要的理论支撑。如图1-5所示，这群人就是后来被称为人工智能先驱的"大咖"们，他们在这个夏天神不知鬼不觉地开创了一门新的学科——人工智能。这一年也因此成为人工智能元年，是人工智能研究历史上的一个里程碑。

约翰·麦卡锡（John McCarthy）作为这次会议的倡导者发挥了巨大的作用，而这次会议也为日后人工智能的发展打下了坚实的基础。麦卡锡是美国科学家，被誉为人工智能领域的泰斗。看上去文质彬彬、不苟言笑的他经常戴着一副理工男惯常佩戴的黑色塑料半框眼镜，这让他像他的专业——数学一样乏味无趣，但他内心的朝气和才华让他造就了一门名为"人工智能"的学科。

图 1-5 参加达特茅斯会议的科学家们

加州理工学院被称为美国西海岸的麻省理工学院。9 月的气候和西海岸的风光让加州理工学院充满了浪漫和温馨的气息，一个关于人类行为中脑机制的研讨会正在这里召开。作为一名大学生，麦卡锡就像海绵一样尽情地吸收着一切让他感兴趣的知识。所谓近水楼台先得月，他跑去旁听了这次会议。会上来了一位大人物，他就是设计发明了世界上第一台电子计算机的美国数学家冯·诺依曼。冯·诺依曼的题为《自动机的通用和逻辑理论》的演讲引起了麦卡锡的浓厚兴趣，让其脑洞大开。这成了他研究人工智能的开端。博士毕业后，麦卡锡来到达特茅斯学院工作。1955 年夏天，他接到了负责设计研发 IBM701 计算机的纳撒尼尔·罗切斯特的邀请，来到 IBM 公司参加短期的研究活动。在那里，他们一边工作一边热烈地讨论如何使机器像人一样处理问题。他和罗切斯特一起说服了克劳德·香农和马文·明斯基，决定来年夏天一起在达特茅斯学院进行人工智能的共同研究。香农当时是贝尔实验室的一名数学家，在交换机理论和统计信息理论方面大名鼎鼎。明斯基当时是一名研究数学和神经学的年轻的哈佛学者。为什么研究如何使机器像人一样处理问题需要这些不同学科不同领域的人参加呢？其实，早期对人工智能的研究并没有确定的方法和方向，可以说是八仙过海，各显神通。对此感兴趣的科学家和学者都纷纷从自己的专业领域出发探索人工智能的可能性。当时，最接近人脑工作机制的就是刚刚发明不久的电子计算机，它能像人脑一样存储数据，并且可以像人脑一样在预定程序的控制下自动进行逻辑推理和数字计算，所以计算机专家自然成了研究人工智能的主力军。神经学家、心理学家和脑科学专家也由于专门从事揭开人脑工作的秘密而当之无愧地成为研究人工智能的重要力量。我们知道，数学是万学之学。很多问题本质上都可以归结为数学问题，而数学又是这些问题的最终答案和解决方法，所以数学家的参与不仅是自然而然的，而且是必需的。不过这次会议到哪里去找经费来支持活动呢？为了筹集经费，麦卡锡亲自撰写了一份项目计划书，并给项目起了个响亮的名字叫“人工智能的夏季研究”。这是历史上第一次把用机器模仿人脑的研究工作命名为人工智能，也是历史上第一次开展人工智能专题研究。

在计划书中，麦卡锡写道：“我们打算在暑期的两个月里组织 10 个人的团队，专门进行人工智能研究。研究内容将包括所有在知识学习方面的基本推测和在本质上能精确描述使机器模仿人类其他智能方面的特征，试图找到任何让机器使用语言、具有抽象能力和掌握概念的方法，解决现在只有人类才可以处理的问题，让机器具有像人一样的智能。”富于想象和诱人的描写让他们最终成功地说服美国石油大亨洛克菲勒创办的基金会，争取到了基金会的慷慨赞助，于是就有了这次后来举世闻名的聚会。

参加这个暑期项目的人除了发起人麦卡锡、罗切斯特、香农和明斯基外，还有开发了跳棋程序的 IBM 公司的工程师亚瑟·塞缪尔、对自动感应系统有着浓厚兴趣的麻省理工学院的奥利弗·塞尔弗里奇和雷·所罗门诺夫、研究符号逻辑推理的科学家艾伦·纽厄尔和赫伯特·西蒙，以及来自 IBM 公司的另一名研究国际象棋程序的科学家亚历克斯·伯恩斯坦。其实，具有不同背景的他们各自“心怀鬼胎”，但他们都有一个共同的目标，那就是让机器能完成当时只有人才能做的事情。

麦卡锡一直在试图建立一种类似于英语的人工语言，使机器可以用来自行解决问题。他提出了一种“常识逻辑推理”理论。设想一个旅行者从英国的格拉斯哥经过伦敦去莫斯科，计算机程序可以按以下方式分段进行处理：从格拉斯哥到伦敦，再从伦敦到莫斯科。但是，如果假设此人不幸在伦敦丢失了机票，那么他该怎么办？在现实中，此人一般不会因此取消原来去莫斯科的计划，他很可能会再买一张机票，但是预先设计好的模拟程序不允许如此灵活。因此，需要一种更符合现实的具有常识推理能力的逻辑。

后来，他提出了一种名为“情景演算”的理论，并发明了一种建立在数学推理的基础上的表处理语言“LISP”。但麦卡锡自己也承认，在某种语境下，进行基本的猜测常常是十分困难的。一个有趣的例子是关于美国前总统里根的一个笑话。白宫发言人奥尼尔欢迎新当选的里根总统时说：“恭喜您成了格罗弗·克利夫兰（他指的是美国的一位前总统）。”里根微笑着答道：“我只是在电影中扮演过他一次（里根指的是棒球明星格罗弗·克利夫兰）。”这完全是张冠李戴。

在这个项目里，香农想把信息论的概念应用到计算机和大脑模型上。香农是信息论的奠基人，他提出的关于通信信息编码的三大定理是信息论的基础，为通信信息的研究指明了方向。西蒙和纽厄尔是小组里最特殊的一对。他们曾经是师生，现在是极其亲密的合作伙伴，同为人工智能符号学派的创始人。他们带来了他们正在开发的后来被称为“逻辑理论家”的程序，其中的符号结构和启发式方法成了后来解决智能问题的理论基础。

和项目里的其他人都不同的是明斯基。他在大学里主修物理学的同时，还一口气选修了电气工程、数学、遗传学、心理学等五花八门的学科。后来，他觉得遗传学的深度不够，物理学的吸引力不足，在博士研究生期间改为攻读数学，成为一名数学博士。工作以后，他的全部兴趣又落在了人工智能方面。他在神经网络研究的基础上，探索让机器可以在所在环境下通过一种抽象模型自我生成。后来，他把自己的研究写成了一篇论文《迈向人工智能的步伐》，这成为后来人工智能研究的指导性文献之一。

明斯基带到达特茅斯学院的是他发明的一个神经网络系统 Snare。他曾经跟《纽约时报》的记者说："智能问题深不见底，我想这才是值得我奉献一生的领域。"他进一步把自己的研究延伸到几何学中的定理论证问题上，为后来的图形图像识别领域奠定了基础。明斯基成为第一个在人工智能领域里获得图灵奖的人。

就是这样一群相貌普通但身怀绝技、看似无奇但内心"诡异"的人，在1956年的那个夏天，在暑期空荡的达特茅斯学院里，天马行空，追逐梦想。然而，当时没有人想到这样一个建立在参加者兴趣之上的自发的暑期研究活动竟成了开启人工智能正式研究历史的里程碑。发起人麦卡锡、罗切斯特、香农和明斯基后来被誉为人工智能之父，这个暑期研究活动也由于为人工智能奠定了最初的理论基础和确立了主要研究方向而闻名遐迩。今天，在达特茅斯学院的贝克图书馆里，你可以看到一块高悬的匾额，用于纪念人工智能作为一门正式学科在这里开始。

1.4 人工智能的奠基人

1. 马文·明斯基

我们已经看到了，来达特茅斯学院参加聚会的人都是"大咖"。他们的一个共同特点就是兴趣广泛，涉猎众多，才思过人。知识分子家庭出身的明斯基也是如此。

在小学和中学阶段，明斯基上的都是私立学校，对电子学和化学表现出浓厚的兴趣。进入哈佛大学后，他主修的是物理学，但他选修的课程包括电气工程、数学以及遗传学等，涉及多个学科专业。有一段时间，他还在心理学系参加过课题研究。后来他放弃物理学，改修数学，因为他认为数学是万学之源。1950 年毕业后，他进入普林斯顿大学研究生院读博士。在此期间，他深入思考了一直让他好奇的“思维是如何萌发并形成的”这一问题，提出了神经网络和脑模型的一些基本理论。由 AI 生成的马文·明基斯画像如图 1-6 所示。

图 1-6 马文·明斯基画像

其实，早在读大学的时候，他就接触到了关于心智起源的学说与当时的流行理论，但他对那些时髦的说法不以为然。新行为主义心理学家斯金纳根据一些动物行为的事实提出理论，把人的学习与动物的学习等同起来。这是当时大学里流行的一种理论，明斯基觉得难以接受，他下决心要把人到底是怎样思维的这件事弄清楚。

当图灵在英国开始研究机器是否可以思考这个问题的时候，明斯基也在美国普林斯顿大学开始研究同一问题。在读博士期间，他提出了关于思维如何萌发并形成的一些基本理论，并建造了一台学习机，其名为 Snare。这是世界上第一个用 3000 个真空管搭建的神经网络模拟器，其目的是学习如何穿过迷宫。它模拟了一个由 40 个神经元组成的并可对成功的结果给予奖励的神经网络系统。这 40 个神经元被明斯基称为“代理”。基于“代理”的计算和分布式智能是当前人工智能研究中的一个热点，明斯基是最早提出“代理”概念的学者之一。

Snare 虽然还比较粗糙和不够灵活，但它毕竟是人工智能研究中最早的尝试之一。在 Snare 的基础上，明斯基综合利用他多学科的知识，解决了使机器能根据有关过去行为的知识来预测其当前行为的结果这一问题，并以《神经网络和脑模型问题》为题完成了他的博士论文。不过，一篇数学专业的论文大谈特谈人工智能领域的神经网络似乎有点不着边。在答辩的时候，答辩委员会的教授提出异议，好在冯·诺依曼出来为他说话。冯·诺依曼说：“就算现在看起来它跟数学的关系不大，但总有一天，你会发现它们之间是存在着密切联系的。”有“大佬”站台，明斯基于 1954 年顺利取得了数学博士学位。18 世纪的法国学者拉美特里写过一本著作《人是机器》，主张生理决定论，即人的意识依赖生理组织，人一旦死亡，灵魂就不存在了。明斯基也是这样认为的。他深信尽管人脑极其复杂，可以进行判断和推理，有记忆，有情绪，但是本质上它依然是一台机器。这台机器是可以用计算机模拟的。在他的眼里，人与机器的边界最终将不复存在，人不过是肉做的机器，而钢铁做的机器有一天也能思考。明斯基甚至公开预言说，计算机的智能虽然未必能胜过所有人，但肯定会超过大多数人，只是不知道这一天何时来临。他告诫大家要小心，也许某天一台超级计算机突然做出决定，要用地球上所有的资源造出更多的超级计算机，达到它自己的目的。

1968 年，他受邀参与指导科幻电影《2001 太空漫游》的拍摄。导演库布里克上门拜访时谦虚地向他求教，向他咨询计算机图形学的现状，以及在 2001 年之前计算机能否字正腔圆地说话。这时的明斯基已经是享誉业内的人工智能“大咖”了。在电影的拍摄过程中，他没有参与讨论剧情，而是对影片中 HAL 9000 计算机应该是什么模样发表了意见。导演库布里克原本为了让 HAL 9000 看上去更有视觉效果，采用了一台装饰着彩色标签的计算机。当他征求明斯基的意见时，明斯基却说：“我认为这台计算机实际上应该只是由许多小黑盒子组成，因为计算机需要通过引线传递信息来知道它里面在做什么，而不是华丽的标签。”于是，库布里克把原来的装饰撤掉，设计了一台简单的、看上去更漂亮的 HAL9000 计算机。库布里克希望所有的技术细节都是合理的，这样看上去才更真实。

达特茅斯会议后不久，明斯基就从哈佛大学转到了麻省理工学院。这时麦卡锡也由达特茅斯学院来到麻省理工学院与他会合，他们在这里共同创建了世界上第一个人工智能实验室。在这个实验室里，明斯基开发出了世界上最早的能够模拟人类活动的机器人 RobotC，使机器人技术跃上了一个新台阶。当然，最值得一提的还是他在 1975 年提出的框架理论。

框架理论的核心是以框架这种形式来表示知识。框架的顶层是固定的，表示固定的概念、对象或事件。它的下层由若干个槽组成，其中可填入具体值，以描述具体事物的特征。每个槽可以有若干个侧面，对槽进行附加说明，如槽的取值范围、求值方法等。这样，框架就可以包含各种各样的信息，例如描述事物的信息、如何使用框架的信息、对下一步发生什么的期望以及期望没有实现时的应对方法等。利用多个有一定关联的框架组成框架系统，就可以完整而确切地把知识表示出来。明斯基最初把框架作为视觉感知、自然语言对话和其他复杂行为的基础提出来，但框架理论一经提出，就因为它既是层次化的又是模块化的，在人工智能界引起了极大的反响，成为通用的知识表示方法而被广泛接受和应用。不但如此，它的一些基本概念和结构也被后来兴起的面向对象的技术和方法所引用。今天流行的 C++、Java 等程序设计语言都是在明斯基的框架理论的启发和指导下产生的。

明斯基的传奇之处在于他永无止境的好奇心。他的学生曾经这样评价他：“明斯基是定义计算和计算研究内容的先驱者之一……那时候有四五个才华横溢的人，他们早早地开始关于人工智能的全面研究，他们的个性与成就被深深地铭刻在计算领域的史册上，而明斯基正是其中之一。”在人工智能领域，明斯基以坚信人的思维过程是可以用机器去模拟而著称，他的名言就是“大脑无非是肉做的机器而已”。

2. 克劳德 · 香农

在1956年的那个夏天，达特茅斯会议参加者中的香农见证了人工智能学科的诞生。20世纪50年代，图灵和冯·诺依曼两位大师相继离世后，香农成为人工智能领域承上启下的关键人物。他的突出贡献就是信息论，因而他又有着信息论之父的称号。他的全名叫克劳德·艾尔伍德·香农，1916年4月30日出生于美国密歇根州的佩托斯基，在一个仅有3000人的小镇上长大。别看镇子小，他却生长在一个良好的教育环境中。小时候对他影响最大的是他的祖父，一位农场主兼发明家，发明过洗衣机和许多农业机械。香农从小就十分崇拜大发明家爱迪生，后来他才知道原来爱迪生竟然是他家的远房亲戚。

早在攻读电气工程硕士学位的时候，香农的才华就崭露头角。当时他在麻省理工学院的硕士论文题目是《继电器与开关电路的符号分析》。在学习中，他注意到电话交换电路与布尔代数之间存在相似性，布尔代数的“真”与“假”和电路系统的“开”与“关”其实是一种对应关系，可以用1和0表示。于是他用布尔代数分析并优化开关电路，奠定了数字电路的理论基础。哈佛大学的教授曾经称赞他的这篇论文是20世纪最重要、最著名的一篇硕士论文。由AI生成的香农画像如图1-7所示。

1940年，香农在博士毕业后来到了普林斯顿高等研究院工作，在那里他认识了冯·诺依曼。当时他正在研究信息的定义，怎样数量化信息，怎样更好地对信息进行编码。在这些研究中，香农提出了一种度量信息的概念，用于衡量信息的不确定性。香农原本打算用“不确定性”来表达这个概念。当他和冯·诺依曼讨论这个问题时，冯·诺依曼向香农建议说：“你应该把它称为熵。”冯·诺依曼的理由是“不确定性”这个概念已用于统计力学，而没有人知道熵到底是什么，不致引起争论。

我们知道，质量、能量和信息量是3个非常重要的量。人们很早就知道用秤计量物质的质量，而到了19世纪中叶，热量和功的关系随着热功当量的明确和能量守恒定律的建立也逐渐清楚。“能量”一词就是它们的总称，而能量的计量则通过卡、焦耳等新单位的出现而得到解决。

图 1-7　香农画像

关于文字、数字、图像、声音的知识已经有几千年的历史，但是它们的总称是什么，它们如何统一地进行计量，直到 19 世纪末还没有被正确地提出来，更谈不上如何去解决了。20 世纪初期，随着电报、电话、照相、电视、无线电、雷达等技术的发展，如何计量信号中的信息量就成了一个引人关注的问题。

香农在想办法把电话中的噪声除掉时，他给出了通信速率的上限，并在进行信息的定量计算时，明确地把信息量定义为随机不定性的减小。1948 年，香农发表了长达数十页的论文《通信的数学理论》，正式催生了信息论。在他的通信数学模型中，他清楚地提出了信息的度量问题，并采纳了冯·诺依曼的建议，正式提出了以熵（H）命名的计算信息量的著名公式。

$$H=-\sum P_i \log_2 P_i$$

香农还提出了计量信息量的单位比特。今天在计算机和通信领域中广泛使用的字节（B）、千字节（KB）、兆字节（MB）、吉字节（GB）等单位都是从比特演化而来的。比特的出现标志着人类知道了如何计量信息量。香农的信息论为明确信息量的概念做出了决定性的贡献。熵这个经典的概念跨越了信息论、物理学、数学、生态学、社会学等领域，是香农创立的信息论中最核心的概念，代表了一个系统内在的混乱程度。

虽然香农在生前与图灵和冯·诺依曼都做过同事，但他不像他们那样一个生前默默无闻，一个虽大名鼎鼎但也只是在业内闻名。香农可是荣登过《时代》《生活》和《通俗科学》等杂志封面的公众人物，这和他发明的一只小老鼠有关。这事发生在1952年，香农参加了当时的一部宣传片的拍摄。“大家好，我是贝尔实验室的数学家克劳德·香农。”当摄像机镜头逐渐拉近时，一位穿西装、打领带，身材修长的男人用活泼轻快的语言进行自我介绍。

在影片中，他演示了一只带有铜须的木制玩具老鼠，他把它叫作忒修斯。香农的这只木老鼠是一个走迷宫的高手。它能通过不停地随机试错，穿过一座由金属墙组成的迷宫，直到在出口处找到一块金属“奶酪”。最厉害也最具独创性的是，这只木老鼠还能记住这条路线，并在下一次试验中漂亮地完成任务。在下一次试验中，即使迷宫的墙壁有所移动，都难不倒它。

香农在影片中告诉大家：“解决一个问题并记住解决方案，涉及一定程度的心智活动，这已经有点类似于人类的大脑了。”对于当时的美国观众来说，这只木老鼠几乎就是后来科幻漫画中的机器猫。一夜之间，香农就成了家喻户晓、人尽皆知的传奇人物。这只木老鼠以及整个迷宫系统，是香农和他的妻子花了无数个夜晚建造起来的。他说，灵感来自他对儿童积木玩具的喜爱，以及他对位于伦敦汉普顿宫中的树篱迷宫的兴趣。

其实，设计这只木老鼠以及整个迷宫系统都不过是香农和他的妻子在业余时间的娱乐。香农曾谦虚地称自己的这些玩意不过是“有趣而毫无用处”。其实，他的发明兴趣几乎是无穷无尽的，他的奇思妙想也似乎层出不穷。在他家的工作室中，奇妙的发明堆积如山，有火焰发射喇叭和变戏法的机器人，还有一组独轮车队、一台用罗马数字操作的计算机器等。他还和麻省理工学院的爱德华·索普教授一道发明了第一台可佩戴的计算机，可在轮盘赌时使用。他们竟然还真的跑到拉斯维加斯测试其效果，结果赚了不少钱。幸好在当时的赌场中他们没有被人发现，不然一定会被轰出赌场，永远不许再进入。

当然，香农对人工智能的兴趣最浓厚。他在早年间就设计了会下国际象棋的计算机程序。1949 年，香农发表了著名的论文《编程实现计算机下棋》，这是人工智能领域萌芽期的一篇杰作。后来击败国际象棋世界冠军的“深蓝”和击败围棋世界冠军的 AlphaGo，都是在香农开拓的机器下棋领域里的新成就。

与冯·诺依曼和图灵一样，香农也在反法西斯战争中立下了不朽的功勋。他长期在贝尔实验室工作，他在第二次世界大战期间研究的通信理论和保密系统理论被美军采用。他参与制作的通信加密设备被用于盟军领袖罗斯福、丘吉尔、艾森豪威尔和蒙哥马利等人之间的绝密通信，保护了盟军的情报安全。这套设备在打击德国的飞机和导弹，尤其是在粉碎德国对英国发动的闪电战中发挥了重大作用，功不可没。克劳德·香农，让我们记住他的名字吧！

3. 西蒙与纽厄尔

我们必须承认，参加达特茅斯会议的人一个比一个了不起。如果说香农多才多艺、身怀绝技，那么西蒙与纽厄尔更是双剑合璧，他们是绝无仅有的一对天才。他们从认识到合作，携手共事 40 多年，共同成为人工智能符号学派的创始人，在学界传为佳话。

谦虚多才的西蒙完全不是技术出身，他就读于芝加哥大学政治系，学的是政治学。1943 年获得芝加哥大学的政治学博士学位后，他先后担任过多个政府部门和协会的顾问。西蒙的博学足以让世人折服。他在一生中从 8 所名校里获得过 9 个博士头衔：芝加哥大学政治学博士、凯斯工程学院科学博士、耶鲁大学科学博士和法学博士、瑞典隆德大学哲学博士、麦吉尔大学法学博士、鹿特丹伊拉斯姆斯大学经济学博士、密西根大学法学博士以及匹兹堡大学法学博士。光是这些博士头衔就足以让人头晕目眩了，更不用说由于他在决策理论研究方面的突出贡献，他还获得过 1978 年度诺贝尔经济学奖。当时瑞典皇家科学院给他的评价是："就经济学最广泛的意义来说，西蒙首先是一名经济学家，他的名字主要是与经济组织中的结构和决策这一相当新的研究领域联系在一起的。"

其实，在芝加哥大学读本科期间，西蒙就一边吸收着大量的经济学和政治学方面的基础知识，一边熟练地掌握了高等数学、符号逻辑和数理统计等重要技能。1936 年从芝加哥大学毕业的他应聘到国际城市管理者协会工作，很快成为用数学方法衡量城市公用事业效率的专家。在那里，他第一次用上了计算机，对计算机的兴趣和实践经验对他后来的事业产生了重大影响。1949 年，西蒙应邀来到卡内基·梅隆大学，先是任行政学与心理学教授，后来任计算机科学与心理学终身教授。作为该大学工业管理研究生院的创办人之一，他开创了组织行为和管理科学两大学术领域。他倡导的决策理论是以社会系统理论为基础，吸收古典管理理论、行为科学和计算机科学等的内容而发展起来的一门边缘学科。

纽厄尔比西蒙小 11 岁，1927 年 3 月 19 日生于旧金山。他的父亲是斯坦福医学院放射学教授，精通物理和古典文学，还擅长钓鱼、淘金和做木工。他们家在山上有一座小木屋，这是他爸爸亲手盖的。纽厄尔对爸爸十分崇拜，称他是"一个十全十美的知识分子"。有其父必有其子，纽厄尔毕业于斯坦福大学物理专业，毕业后他去普林斯顿大学研究生院攻读数学。不过一年后，他就辍学到兰德公司工作，和美国空军合作开发早期预警系统。可能这就是命运的安排，如果他不辍学到兰德公司工作，也不会那么早就认识了西蒙。在兰德公司，两人相见恨晚，十分投机。预警系统需要模拟在雷达显示屏前工作的操作人员在各种情况下的反应，这导致纽厄尔对"人如何思维"这一问题产生了兴趣。也正是从这个课题开始，纽厄尔和西蒙建立起了合作关系。西蒙那时已经是卡内基理工学院（后改称卡内基·梅隆大学）工业管理系的年轻系主任，他力邀纽厄尔到卡内基理工学院，并亲自担任纽厄尔的博士生导师，开始了他们终生的合作。虽然西蒙是纽厄尔的老师，但是他们的合作是平等的。他们合作的文章的署名通常是按照字母顺序排列的，纽厄尔在前，西蒙在后。参加会议时，西蒙如果见到别人把他的名字放在纽厄尔之前，通常都会纠正过来。

1955年圣诞假期结束后，西蒙教授走进教室向学生们宣布："在刚刚过去的这个圣诞节，我和我的同事纽厄尔发明了一台可以思考的机器。"他所说的就是后来他们带到达特茅斯学院的"逻辑理论家"，那是当时唯一可以工作的人工智能软件。"逻辑理论家"是一款计算机模拟程序，它采用了产生式系统结构，以逆向搜索为主要的工作策略，参照适当的启发法，成为第一个启发型产生式系统和第一个成功的人工智能系统。什么是产生式系统结构呢？简单地说，它就是一种模仿人类思考的过程，表达具有因果关系的知识的计算系统结构。我们通常是这样认知一个事物的：如果一种动物会飞且会下蛋，那么这种动物就是鸟。把这种认知过程用符号系统表示出来就是"逻辑理论家"的一个创举。一般解决问题的方法是从条件出发去寻找答案，由因寻果。但"逻辑理论家"在产生式系统结构上采用了一种相反的方法，就是从果出发，看它能不能符合因的要求，如果可以，这个果就是正确的答案，这就是逆向搜索。例如我们在考试时的做法，通常先看题目，再选择可能的答案选项。但是，如果我们先看可能的答案选项，然后"带着问题"去看题目，则获得答案的速度可能更快，也更容易。

当然，"逻辑理论家"比我们这里说的要复杂得多。它运用了一套复杂、抽象的符号系统来表达知识，通过符号运算的各种规则去解决问题。所以，它成功地支持了物理符号系统理论，加速了信息加工观点在心理学中的渗透，开辟了人工智能的一个新领域，开创了计算机模拟认知心理学的方法。

达特茅斯会议以后，西蒙与纽厄尔又进一步开发了信息处理语言（IPL）。这是最早的一种人工智能程序设计语言，其基本元素是符号，并首次引进了表处理方法。1966 年，西蒙、纽厄尔和另外一名科学家合作，开发了最早的一款下棋程序 MATER。在研究自然语言理解的过程中，西蒙和纽厄尔发展并完善了语义网络的概念和方法，把它作为知识表示的一种通用手段，并取得了很大的成功。

1975 年，西蒙和纽厄尔因为在人工智能、人类心理识别和表处理等方面进行的基础研究，荣获计算机科学最高奖——图灵奖。他们在获奖时联合发表演讲说，计算机科学应该是“按经验进行探索”的科学，因为现实世界中所存在的对象和过程都可以用符号来描述和解释，而包含着对象和过程的各种“问题”都可以以启发式搜索为主要手段去获得答案。对这种搜索进行公式化的技术则取决于对对象和过程理解的深度。他们认为，程序可以在有能力的业余爱好者的水平上甚至专家水平上去解决问题。

获奖后，西蒙和纽厄尔再接再厉，于 1976 年给“物理符号系统”下了定义，提出了“物理符号系统假说”，因此成为人工智能领域中影响最大的符号学派的创始人。符号学派的哲学思路，也就是“物理符号系统假说”，简单来说就是智能是对符号的操作，最原始的符号对应于物理客体。

第2章 人工智能的发展

人工智能学科诞生后，科学家们开始着手研究人工智能的各个方面，包括自动计算机、神经网络、计算规模理论等。然而，人工智能的发展过程并非一帆风顺，而是经历了三次浪潮和两次寒冬。在这一过程中，人工智能逐渐与人类社会的发展相融合，最终应用于人类社会的各个领域。

人工智能的三次浪潮和两次寒冬

人工智能起源于20世纪50年代，到今天为止，人工智能的发展共经历了三次浪潮和两次寒冬。

第一次浪潮，也称为符号主义浪潮。起始于20世纪50年代末期，持续到80年代。在这次浪潮中，人工智能研究者主要关注如何利用符号和逻辑推理来模拟人类智能。人们希望通过构建一个基于逻辑推理和知识表示的系统来实现人工智能。

在符号主义浪潮中，最有代表性的技术是专家系统。专家系统是一种基于规则和知识库的计算机程序，能够模拟人类专家的决策过程。专家系统的核心是知识库，其中包含了专家的知识和经验。通过推理引擎，专家系统可以根据输入的问题和知识库中的规则，进行推理和决策。

然而，由于符号主义方法过于依赖人工编写的规则和知识库，对于复杂的问题和大规模的数据处理能力有限。此外，随着计算任务的复杂性不断加大，符号主义方法还面临着知识获取和推理效率的问题。因此，符号主义浪潮逐渐衰退，人工智能进入了第一个寒冬。

这一时期的困境主要表现在三个方面：首先，大多数早期的程序依靠简单的句法处理获得成功，但不知其主题究竟是什么。例如在机器翻译方面，研究者最初认为，基于俄语和英语语法的简单句法，变换可以根据一部电子字典的单词进行替换就足以完成。但实际上并非如此，准确的翻译需要有背景知识来消除歧义。实际上直到现在，广泛应用于技术、商业、政府和互联网文档的机器翻译仍然是一个不完善的工具。

其次，一些用于产生智能行为的系统存在根本性的局限。明斯基和派珀特在1969年出版的《感知机》著作中证明指出：虽然可以证明感知机（神经网络的一种简单模型）能学会它们能表示的任何东西，但它们能表示的东西很少。特别是两输入的感知机不能被训练来认定任何的两个输入是不同的。当时虽然这个结果还没有应用于更加复杂的多层网络，但还是对神经网络研究造成了很大影响，研究资助很快减少到几乎为零。

再有，人工智能试图求解的许多问题存在难解性。在问题求解程序方面，大多数早期的人工智能程序通过实验步骤的不同组合可以在微观领域有效地直接找到解。但当面临更大、更复杂问题时，研究便会遇到难以克服的困难。因为，微观领域包括的对象很少，只存在很少的可能性和很短的解序列，而当时处理复杂问题的理论还没有出现。研究者都认为处理更大更复杂的问题时，只是需要更快的硬件或更大的存储器，后来才知道实际上并非如此。1973年，莱特希尔（Lighthill）的报告批评人工智能不能对付"组合爆炸"问题。基于该报告，英国政府决定并终止了对除两所大学以外的所有大学人工智能研究的支持。

然而，技术的发展并未停滞，人工智能很快就迎来了第二次浪潮。这次浪潮被称为连接主义浪潮，从20世纪80年代末期持续到90年代末期。在这十年中，人工智能研究者开始关注神经网络和机器学习等技术，试图通过模拟人脑的神经网络来实现人工智能。连接主义浪潮的核心思想是"连接主义学习"，即通过训练神经网络来学习和提取数据中的模式和规律。连接主义方法不再依赖人工编写的规则和知识库，而是通过大量的数据训练神经网络，使其具备处理和学习能力。

在连接主义浪潮中，最有代表性的技术是反向传播算法。反向传播算法是一种用于训练神经网络的方法，通过计算误差和调整权重，使得神经网络能够逐渐优化和学习。反向传播算法的提出极大地推动了神经网络的发展，并在图像识别、语音识别等领域取得了一些重要的突破。

1977年，在第五届国际人工智能联合会议上，爱德华·费根鲍姆提出了知识工程的概念。他认为“知识工程是人工智能的原理和方法，对那些需要专家知识才能解决的应用难题提供求解的手段。恰当运用专家知识的获取、表达和推理过程的构成与解释，是设计基于知识的系统的重要技术问题”。知识工程是一门以知识为研究对象的学科，它将具体智能系统研究中那些共同的基本问题抽象出来，作为知识工程的核心内容。知识工程成为指导具体研制各类智能系统的一般方法和基本工具，也成为一门具有方法论意义的学科。

1984年，费根鲍姆又与布鲁斯·布坎南和爱德华·肖特利夫共同开发出用于传染性血液疾病诊断研究的专家系统MYCIN。MYCIN拥有450条规则，斯坦福医院让它与高级专科住院实习医生对话进行训练，它能够表现得与某些专家一样好。它的意义在于为未来基于知识系统的设计树立一个典范。它与DENDRAL专家系统比较有所不同。第一，它不像DENDRAL，不存在通用的理论模型可以从中演绎出规则，而是需要从专家会诊大量病人的过程中获取规则。第二，它的规则必须反映与医疗知识关联的不确定性。这个系统吸收了称为确定性因素的不确定性演算。

然而，连接主义浪潮也存在一些问题。首先，连接主义方法对于大规模的数据和计算资源要求较高，导致训练时间和计算成本较高。其次，连接主义方法在处理复杂的推理和逻辑问题时效果不佳，很难进行准确的推理和决策。因此，连接主义浪潮逐渐衰退，人工智能的发展又一次进入寒冬。

这一次寒冬的来临主要是由于人工智能的产业化和商业化过快膨胀导致的。AI产业化和商业化从1980年的几百万美元猛增到1988年的数十亿美元。几百家公司研发专家系统、视觉系统、机器人以及服务的专业软件和硬件。随后，很多公司因为无法兑现自己的承诺而破产。然而，这次寒冬的不同之处在于人工智能研究已经为下一次浪潮的来临打下了坚实的基础。语音识别、机器翻译、神经网络等核心技术初露锋芒。

人工智能技术发展的第三次浪潮，起始于2006年，至今仍在持续发展。

这一次的浪潮以深度学习为标志。在这一时期，人工智能研究者开始关注深度神经网络和大数据等技术，尝试通过深度学习来实现人工智能。

深度学习是一种基于多层神经网络的机器学习方法，它通过多层次的特征提取和组合来实现对数据的高级抽象和理解。与之前的技术不同，深度学习方法不再依赖人工设定的特征和规则，而是通过大量的数据训练神经网络，使其自动学习和提取特征。

深度学习浪潮的兴起主要得益于两方面的因素：一是计算能力的提升，特别是图形处理器（GPU）的广泛应用，大大加速了深度学习的训练和推理过程；二是数据的爆炸性增长，特别是互联网和社交媒体等数据的大规模积累，为深度学习提供了丰富的训练样本。

深度学习方法在图像识别、语音识别、自然语言处理等领域取得了一系列重要的突破。例如，深度学习在图像识别领域的应用，使得计算机在识别图像中的物体和场景方面取得了超越人类的能力。此外，深度学习还在自然语言处理领域取得了重要的突破，使得计算机能够理解和生成自然语言。

然而，深度学习方法也存在一些问题。首先，深度学习方法对于大规模的训练数据和计算资源要求较高，导致训练时间和计算成本较高。其次，深度学习方法在处理推理和逻辑问题时仍然存在一定的局限性，很难进行准确的推理和决策。因此，深度学习浪潮仍然面临一些挑战，人工智能研究者正在不断探索更加有效的方法。

总的说来，人工智能技术的每一次浪潮都取得了重要的突破和进展，推动了人工智能技术的深入发展。近些年，人工智能在深度学习算法的促进下，结合云计算、大数据、卷积神经网络等新技术，在自然语言处理、图像识别领域取得了突破性进展，它们的广泛应用为人类的生产生活带来了翻天覆地的变化。现在，人工智能方兴未艾，OpenAI公司先后推出的ChatGPT和Sora，使得以大模型为代表的人工智能迅速在社会的各个领域得到了非常广泛而实际的应用，为人类带来了更多的创新和变革。

2.2 人工智能大事件

人工智能自问世以来，一直是科技领域的热门话题。在过去的几十年里，人工智能经历了许多具有里程碑式的重要事件和进展，这些大事件不仅对人工智能的发展产生了深远影响，同时也对整个社会产生了巨大影响。接下来，我们将回顾人工智能发展史中一些标志性的事件，并探讨它们对人工智能的发展和应用产生的影响。

1. 达特茅斯会议（1956 年）

1956 年 8 月，在美国汉诺斯小镇的达特茅斯学院举行了一次会议，会议首次正式提出了“人工智能”这一术语，并明确了其研究目标，即让机器能够使用语言、进行抽象思考和学习。因此，1956 年也成为人工智能元年，这标志着人工智能作为一门独立学科的诞生。这次会议促进了计算机科学、数学、心理学等领域的学者之间的交流与合作，为后续的跨学科研究奠定了基础。同时激发了与会者对于人工智能研究的热情，并催生了一系列早期的人工智能程序，如逻辑理论家和通用问题求解器等。会议为人工智能领域提供了一个明确的定义和研究方向，为后续的研究工作指明了道路。

达特茅斯会议标志着人工智能作为一门独立学科的诞生，为后续的学术研究、技术开发和产业应用提供了理论支撑和方向指导。会议提出的研究方向和研究成果为人工智能技术的发展提供了重要动力，推动了机器学习、自然语言处理、计算机视觉等领域的快速发展。达特茅斯会议作为人工智能发展的起点，对于推动人工智能技术的广泛应用具有重要意义。会议所倡导的跨学科合作和创新精神为人工智能领域的持续创新提供了不竭动力。这种创新活力不仅体现在技术层面的突破上，还体现在应用层面的拓展上，其为人工智能技术的广泛应用提供了无限可能。由此可以看出，达特茅斯会议的成果丰硕、意义深远，它不仅为人工智能领域的发展奠定了坚实基础，还推动了技术进步、社会变革，并激发创新活力。

2. IBM“深蓝”战胜国际象棋世界冠军（1997 年）

1997 年，IBM 公司的“深蓝”（Deep Blue）计算机在一场著名的人机大赛中击败了当时的国际象棋大师加里 · 卡斯帕罗夫。这被视为人工智能在比赛领域取得重大突破的里程碑。“深蓝”是一台 IBM RS/6000 SP 32 节点的计算机，运行着当时最优秀的商业 UNIX 操作系统——AIX。它采用了 PSSC 超级芯片，这是 POWER2 这种 8 芯片体系结构的一种单片实现。比赛采用了六局规则比赛。在前五局中，双方以 2.5 对 2.5 打平，战局异常胶着。在第六盘决胜局中，卡斯帕罗夫仅走了 19 步就向“深蓝”拱手称臣，整场比赛进行了不到一个小时。最终，“深蓝”以 3.5 比 2.5 的总比分赢得了这场具有特殊意义的对抗。“深蓝”与卡斯帕罗夫的人机大战如图 2-1 所示。

图 2-1 “深蓝”与卡斯帕罗夫的人机大战

“深蓝”强大的计算能力和先进的算法使其在国际象棋领域具有了超越人类棋手的实力。尽管卡斯帕罗夫是公认的国际象棋天才，但“深蓝”的胜利无疑对他产生了巨大的冲击和启发。这一事件标志着计算机在智力比赛领域的一次重大突破，也推动了人工智能技术的快速发展和应用。它证明了计算机可以通过学习和优化算法来模拟甚至超越人类的智力活动。

3. IBM“沃森”战胜《危险边缘》游戏竞赛（2011年）

2011年3月，IBM公司的AI超级计算机“沃森”又一鸣惊人，它在美国收视率最高的人类综合和文化知识问答抢答竞赛电视节目《危险边缘》中，战胜了两位人类的冠军选手。在其三集节目中，前两轮“沃森”与对手打平，在最后一轮中“沃森”打败了最高奖金得主布拉德·鲁特（Brad Rutter）和连胜纪录保持者肯·詹宁斯（Ken Jennings）。“沃森”在2006年由IBM公司的托马斯·沃森（Thomas J. Watson）首创，其基本工作原理是解析线索中的关键字，同时寻找相关术语作为回应。“沃森”最革新的并不是算法，而是能够快速同时运行上千个证明语言分析算法来寻找正确答案。“沃森”是能够使用自然语言来回答问题的人工智能系统，关键在于它采用了一种认知技术，其处理信息的方式与人类更相似（不同于以往的数字计算机）。“沃森”系统的成就对人类的影响远远超过了当时“深蓝”计算机的成就。认知计算会从基础上支持人工智能的发展，认知计算的特点在于从传统的结构化数据的处理到未来的大数据、非结构化流动数据的处理，从原来的简单数据查询到未来的以发现数据、挖掘数据为重点。感知人类的情绪，甚至像人类一样拥有感情，是所有人工智能机器人的终极难题。在IBM公司的大数据挖掘技术的支持下，在一段段支离破碎的自然语言的背后，一个个具体的有喜恶、有性格、有偏好的人格形象被渐渐呈现出来，“沃森”通过对人类自然语言的分析和解读，可以了解深藏在这些语言背后的情绪和性格。现在的“沃森”系统能够解决日常生活中的很多需要，如它能够分析人类的味觉，成为一个“沃森大厨”，还能够帮助医生诊断病人的疾病。澳大利亚的迪肯大学引入“沃森”

系统后，通过半年的训练能够回答学生提出的大量问题。

4. AlphaGo 战胜围棋世界冠军（2016 年）

2016 年 3 月，AlphaGo 与围棋世界冠军李世石之间展开了一场备受瞩目的人机大战，这场对决不仅将 AI 话题推向了公众视野，也标志着人工智能在围棋这一传统智力比赛领域的重大突破。AlphaGo 与李世石的对战如图 2-2 所示。

图 2-2　AlphaGo 与李世石对战

作为世界围棋冠军，李世石在赛前并未对 AlphaGo 构成的威胁给予足够重视，认为自己会轻松取胜。虽然 AlphaGo 在此前已经击败了欧洲围棋冠军樊麾，但这场胜利在当时并未引起广泛关注。

AlphaGo 使用了深度学习和强化学习技术，包括卷积神经网络和蒙特卡罗树搜索算法。第一局，AlphaGo 以较大优势获胜，震惊了围棋界和公众。第二局，李世石尝试不同的策略，但 AlphaGo 依然保持领先，并最终获胜。第三局，李世石再次失利，此时他已经连输三局，形势严峻。第四局，在几乎绝望的情况下，李世石在第四局中祭出“神之一手”，最终战胜 AlphaGo，为人类赢得一局宝贵的胜利。在最后的第五局，经过长达 5 小时的激烈搏杀，李世石最终认输，AlphaGo 以总比分 4∶1 获胜。

AlphaGo 的胜利标志着人工智能在围棋这一传统智力比赛领域的重大突破，也证明了人工智能在复杂比赛领域的能力。同时还引发了全球对人工智能技术的广泛关注和讨论。这场对决彻底改变了围棋界对人工智能的看法，许多围棋高手开始研究 AlphaGo 的棋风和策略，以提升自己的水平。AlphaGo 的胜利也点燃了人工智能市场的热情，推动了人工智能技术的快速发展和应用。

5. ChatGPT 横空出世（2022 年）

ChatGPT（Chat Generative Pre-trained Transformer），是 OpenAI 研发的一款聊天机器人程序，于 2022 年 11 月 30 日发布。ChatGPT 是人工智能技术驱动的自然语言处理（NLP）工具，是 GPT-3.5 架构的主力模型。它能够基于在预训练阶段所见的模式和统计规律，来生成回答，还能根据聊天的上下文进行互动，真正像人类一样来聊天交流，甚至能完成撰写论文、邮件、脚本、文案、翻译、代码等任务。ChatGPT 还采用了注重道德水平的训练方式，按照预先设计的道德准则，对不怀好意的提问和请求说“不”。一旦发现用户给出的文字提示里面含有恶意，包括但不限于暴力、歧视、犯罪等意图，都会拒绝提供有效答案。

ChatGPT 受到关注的重要原因是引入了新技术——基于人类反馈的强化学习（Reinforcement Learning with Human Feedback，RLHF）。RLHF 解决了生成模型的一个核心问题，即如何让人工智能模型的产出和人类的常识、认知、需求、价值观保持一致。ChatGPT 是人工智能生成内容（AI-Generated Content，AIGC）技术进展的成果。该模型能够促进利用人工智能进行内容创作、提升内容生产效率与丰富度。

ChatGPT 在使用上还有局限性，模型仍有优化空间。ChatGPT 模型的能力上限是由奖励模型决定的，该模型需要巨量的语料来拟合真实世界，对标注员的工作量以及综合素质要求较高。ChatGPT 可能会出现创造不存在的知识，或者主观猜测提问者的意图等问题，模型的优化将是一个持续的过程。若 AI 技术迭代不及预期，NLP 模型优化受限，则相关产业发展进度会受到影响。

6. Sora 大模型（2024 年）

Sora，美国人工智能研究公司 OpenAI 发布的人工智能文生视频大模型（但 OpenAI 公司并未单纯将其视为视频模型，而是作为“世界模拟器”），于 2024 年 2 月 15 日（美国当地时间）正式对外发布。

Sora 这一名称源于日文“空”，即天空之意，以示其无限的创造潜力。其背后的技术是在 OpenAI 公司的文本到图像生成模型 DALL-E 基础上开发而成的。Sora 可以根据用户的文本提示创建最长 60 秒的逼真视频，该模型了解这些物体在物理世界中的存在方式，可以深度模拟真实物理世界，能生成具有多个角色、包含特定运动的复杂场景。其继承了 DALL-E 3 的画质和遵循指令能力，能理解用户在提示中提出的要求。

Sora 是一种扩散模型，具备从噪声中生成完整视频的能力，它生成的视频一开始看起来像静态噪声，通过多个步骤逐渐去除噪声后，视频也从最初的随机像素转化为清晰的图像场景，其能够一次生成多帧预测，确保画面主体在暂时离开视野时仍保持一致。

OpenAI 公司表示，Sora 存在不成熟之处，如难以理解因果关系。多位人工智能领域人士表示，该问题可能因其概率模式的逻辑存有“硬伤”。加大训练量、增加训练数据与物理逻辑可改善该问题，但无法根治。想要真正突破最底层逻辑上的问题，因果关系是一条必经之路。

2.3 AI 的强与弱

强人工智能（Strong AI）与弱人工智能（Weak AI）是人工智能（AI）领域的两个重要概念，它们在智能的本质、能力、应用范围及实现难度等方面存在显著差异。“强人工智能”一词最初是约翰·罗杰斯·希尔勒针对计算机和其他信息处理机器创造的，其定义为有可能制造出真正能推理和解决问题的智能机器，并且这样的机器将被认为是有知觉的，有自我意识的。事实上，希尔勒本人根本不相信计算机能够像人一样思考，他不断想证明这一点。他在这里所提出的定义只是他认为的“强人工智能群体”是这么想的，并不是研究强人工智能的人们真正的想法。

拥有强人工智能的机器不仅是一种工具，同时本身拥有思维。强人工智能有真正推理和解决问题的能力，可以独立思考问题并制定解决问题的最优方案，有自己的价值观和世界观体系。也有和生物一样的各种本能，比如生存和安全需求。在某种意义上可以看作一种新的文明。图 2-3 所示为 AI 生成的机器人做出决策。

图 2-3 机器人做出决策

“强人工智能”引起一连串哲学争论，例如一台能完全理解语言并回答问题的机器是不是有思维。也有哲学家持不同的观点，认为人也不过是一台有灵魂的机器而已，为什么人可以有智能，而普通机器就不能呢？

关于强人工智能的争论，不同于更广义的一元论和二元论的争论。其争论要点是：如果一台机器的唯一工作原理就是转换编码数据，那么这台机器是不是有思维的？希尔勒认为这是否定的。他举了“中文房间”的例子来说明，如果机器仅仅是转换数据，而数据本身是对某些事情的一种编码表现，那么在不理解这一编码和这实际事情之间的对应关系的前提下，机器不可能对其处理的数据有任何理解。基于这一论点，希尔勒认为即使有机器通过了图灵测试，也不一定说明机器就真的像人一样有思维和意识。

强人工智能在医疗诊断、金融投资、交通管理、科学研究等众多领域具有巨大的应用潜力。它能够执行复杂且需要高度智能的任务，提高工作效率和准确性，甚至在某些方面超越人类。然而，强人工智能的实现难度非常高，需要解决自我意识、情感理解、自适应学习等复杂问题。目前，科学家们已经在这方面取得了一些重要进展，但要真正实现强人工智能仍然需要付出巨大的努力和时间。

与此相对应，弱人工智能则是指不能制造出真正实现推理和解决问题的智能机器，这些机器只不过看起来像是智能的，但是并不真正拥有智能，也不会有自主意识。弱人工智能也称为限制领域人工智能（Narrow AI）或应用型人工智能（Applied AI），指的是专注于且只能解决特定领域问题的人工智能。弱人工智能通常依赖于大量的数据和预先编程的规则或算法来完成特定的任务。其在特定领域内可以表现出卓越的性能，但缺乏通用性和适应性，无法像强人工智能一样灵活应对各种复杂和未知的问题。一句话，弱人工智能只是会自主学习，自然也就无法脱离程序做到真正意义上的“自我学习”，比如我们前文中提到的“沃森”和AlphaGo，前者只会知识问答和存储数据库；后者虽然在围棋领域超越了最顶尖的选手，但也只是会下围棋而已，它们只是按照人类输入的程序进行自主学习，但并不知道自己在学习（无自我意识）。目前，各种类型的弱人工智能已经被广泛应用于我们的日常生活中，如语音助手、自动驾驶、图像识别、自然语言处理等。这些应用虽然只在特定领域内表现出色，但已经极大地提高了我们的生活和工作效率。

弱人工智能也并非就是真的“弱”，比如在大数据和深度学习的加持下，弱人工智能在绘画、文章写作方面的能力已经堪比人类，人工智能也能做出完整对仗的古代诗歌。一些专家和学者预测，弱人工智能将在未来 20~30 年内真正实现，机器在完成特定任务方面的能力将远超人类。目前而言，弱人工智能技术是发展最迅猛的，而强人工智能还处于科研初级阶段。

可以看出，强人工智能与弱人工智能在智能的本质、能力、应用范围及实现难度等方面存在显著差异。强人工智能具有广泛的认知能力和通用性，能够像人类一样灵活应对各种复杂和未知的问题，但其实现难度极高；而弱人工智能则只能在特定领域或任务上表现出色，虽然缺乏通用性和适应性，但已经广泛应用于我们的日常生活中。随着人工智能技术的不断发展，我们有理由相信未来会有更多的人工智能系统涌现出来，为人类社会的发展和进步贡献力量。

除此之外，还有学者提出过超人工智能的概念，顾名思义就是彻底凌驾于人类智能之上的人工智能。牛津大学人工智能伦理学家尼可・博斯特罗姆（Nick Bostrom）将它定义为一种“在任何一个领域，都远远超过人脑，即便是在社交、科技创新等方面”的人工智能。在超人工智能阶段，人工智能已经突破了奇点，其思维模式远远领先于人脑。科幻作品中的一些反派，比如天网和 T-800、奥创等，也可以将其解释为超人工智能。但结合未来学家雷・库兹韦尔（Ray Kurzwei）预测来看，到 2029 年，人工智能将可能达到与人类智商并行发展的地步，2045 年，其甚至可以突破到超越人类智能的奇点。显然，这对于目前的我们来说这是一种只存在于科幻电影或科幻小说中的事物，况且学术界根本无法理解这种完全超越了人类的智能体到底是一个什么概念，我们无法界定一个连概念构型都不明确的事物。不过可以预见，如果超人工智能真的是人工智能技术在未来必定会降临的结果，那么届时人类将不仅无法为人工智能建立规则，甚至人类自己的道德、法律、伦理和一切制度可能都会被重塑。未来个人的各种能力、企业的竞争力、国家的竞争力，都将高度取决于对人工智能技术和应用的驾驭能力。

超人工智能的实现将对人类社会产生深远的影响。一方面，它有望解决许多目前人类难以应对的复杂问题，如疾病治疗、环境保护、资源分配等；另一方面，超人工智能的出现也可能引发一系列新的伦理和社会问题，如隐私保护、就业结构变化、人机关系等。因此，在推动超人工智能技术发展的同时，也需要关注其潜在的风险和挑战，并制定相应的政策和法规来规范其应用和发展。

第3章 人工智能的关键技术

三大核心支撑

随着技术的发展，人工智能已经成为引领创新和变革的关键力量。时至今日，从智能语音助手到自动驾驶汽车，从医疗诊断到金融风险预测，人工智能的应用无处不在，并且深刻地改变着我们的生活和工作方式。而在人工智能的背后，有三大核心支撑——数据、算法和算力，它们共同构建了人工智能的强大基石，推动这一领域不断向前发展。

1. 数据——人工智能的基础

所谓数据（Data），是计算机科学中的一个专用术语，是指事实或观察的结果。它是对客观事物的逻辑归纳，用于表示客观事物的未经加工的原始素材。我们也可以用信息、信号等词语来描述。数据可以是连续的，也可以是离散的值。比如声音、图像等信息为模拟数据，符号、文字等信息为数字数据。在计算机系统中，数据一般以二进制信息 0 和 1 的形式表示。数据是人工智能的基础，没有大量、高质量的数据，人工智能就如同无源之水、无本之木。丰富而准确的数据能够为模型提供充足的信息，帮助其学习和理解各种模式、规律和特征。例如，在图像识别任务中，需要大量的不同场景、不同角度、不同光照条件下的图像数据，以便模型能够学会识别各种物体。同样，在自然语言处理中，海量的文本数据可以让模型掌握语言的语法、语义和语用等知识。

随着人工智能的快速发展和应用普及，各种各样的数据在不断累积，深度学习及强化学习等算法也在不断地优化。未来，大数据将与人工智能技术紧密结合，具备对数据的理解、分析、发现和决策能力，从而使人们能从数据中获取更准确、更深层次的知识，挖掘数据背后的价值，并催生新业态、新模式。无论是无人驾驶还是机器翻译，或者是服务机器人以及精准医疗，都可以见到“学习”大量的“非结构化数据”的现象。深度学习、强化学习和机器学习等技术的发展都在积极推动着人工智能的进步。如计算机视觉，作为一个复杂的数据领域，传统浅层算法识别准确率并不高。自深度学习出现以后，基于寻找合适特征来让机器识别物体几乎代表了计算机视觉的主流。图像识别的准确性从70%提升到了95%。由此可见，人工智能的进一步发展不仅需要理论研究，也需要大量的数据和数据积累作为支撑。

数据的获取是一个复杂而具有挑战性的过程。它需要从各种来源获取信息，包括互联网、传感器、数据库等；同时，还需要对收集到的数据进行清洗、预处理和标注，以去除噪声和错误，并为模型提供清晰、准确的学习目标。以医疗领域为例，为了训练一个能够准确诊断疾病的人工智能模型，需要收集大量患者的病历、影像资料、实验室检查结果等数据，并由专业医生进行标注和分类。

关于数据，我们还需要了解一些概念。

（1）数据分析（Data Analysis）

它是指用适当的统计方法对收集来的大量数据进行分析，提取有用信息和形成结论，进而对数据加以详细研究和概括总结的过程。数据分析可帮助人们做出正确的判断，以便采取适当的行动。数据分析的数学基础在20世纪早期就已确立，但直到计算机的出现才使得实际操作成为现实，并得以推广。数据分析是数学与计算机科学相结合的产物。

（2）数据挖掘（Data Mining）

数据挖掘也称为资料探勘、数据采矿。一般是指从大量的数据中通过算法搜索出隐藏于其中的信息的过程。数据挖掘通常与计算机科学有关，通过统计、在线分析处理、情报检索、机器学习、专家系统和模式识别等诸多方法来实现。它是数据库中知识发现（Knowledge-Discovery in Databases，KDD）的一个步骤。

(3) 大数据 (Big Data)

它是指无法在一定时间范围内用常规软件工具进行捕捉、管理和处理的数据集合。大数据以非常巨大的数据为核心资源，将产生的数据通过采集、存储、处理、分析并应用和展示，最终实现数据的价值。大数据技术的意义不在于其数据量的“巨大”，而在于对其中有价值信息的提取从而产生“增值”。高德纳(Gartner)公司研究报告认为，“大数据是需要新处理模式才能具有更强的决策力、洞察力和流程优化能力的海量、高增长率和多样化的信息资产。”

大数据处理主要包括采集与预处理、存储与管理、分析与加工、可视化计算及数据安全等过程。大数据具备数据规模不断扩大、种类繁多、产生速度快、处理能力要求高、时效性强、可靠性要求严格、价值大但价值密度较低等特点，能为人工智能提供丰富的数据积累和训练资源。以人脸识别所用的训练图像数量为例，百度公司训练人脸识别系统需要 2 亿幅人脸画像。

近年来，大数据之所以走红，与物联网、云计算、移动通信技术以及各种智能硬件的快速发展密切相关。在数据方面我国具有较大的优势。我国人口众多，家庭、社区和城市的规模和数量都是全世界最大的。随着物联网的广泛应用，也将搜集到海量的各种数据。

与此同时，获取的数据的质量和隐私问题也是需要我们关注的。这是因为数据的质量直接影响着人工智能模型的性能。低质量的数据可能会导致模型的偏差和错误，从而影响决策的准确性。此外，获取到的数据的隐私保护也是一个至关重要的问题。在收集和使用数据的过程中，必须遵循相关法律法规，确保个人隐私不被泄露。

2. 算法——人工智能的灵魂

算法是人工智能的灵魂，它决定了机器如何从海量数据中提取到有用的信息和知识。常见的人工智能算法包括机器学习算法（如监督学习、无监督学习、强化学习）和深度学习算法（如卷积神经网络、循环神经网络等）。机器学习算法通过对已有数据的学习，来建立预测模型或分类模型。深度学习算法则模拟人脑的神经网络结构，能够处理更加复杂的数据和任务。

随着技术的不断进步，算法也在不断优化和创新。研究人员不断探索新的算法架构和训练方法，以提高模型的性能和效率。例如在深度学习中，出现了越来越多的新型网络结构，如 Transformer 架构，在自然语言处理中取得了显著的成果。同时，算法的优化还包括对超参数的调整、模型的压缩和量化等方面，以减少计算量和存储空间。尽管算法在人工智能中发挥着重要作用，但一些复杂的算法往往缺乏可解释性，这给其应用带来了一定的挑战。人们难以理解模型是如何做出决策的，这可能导致信任问题。因此，提高算法的可解释性成了当前研究的一个热点方向。接下来，我们将介绍几种比较典型的算法。

（1）决策树与随机森林算法

决策树（Decision Tree）是在符号主义思想指导下形成的一种典型的分类与回归方法。由于它的数学模型呈树形结构，因此被形象地称为“决策树”算法。它是一类模仿人们在日常生活中决策问题的方法，如当人们面对“是与否”“好与坏”等二分类问题时是如何判断或决策的方法，即所谓的二叉树结构。它将实际问题从根节点开始排列到叶节点，进行科学分类。我们可以认为它是 if-then 规则的集合，目的是不断缩小求解的范围以最终得到问题的结论。具体典型的算法有 ID3、C4.5、CART 三种。从本质上讲，决策树是通过一系列规则对数据进行分类的过程。这种算法是一种逼近离散函数值的方法。其中，决策树学习的核心问题是特征划分和剪枝。实际工作中应严格控制模型的复杂性，适当调整参数与科学控制，让数据自适应选择。

由决策树演进发展形成的随机森林（Random Forest，RF）算法克服了决策树的一些缺点，提升了学习准确度。它通过创建多分裂器和回归器，提高了分类和预测的精度。

（2）人工神经网络算法（Artificial Neural Networks Algorithm）

这是指在联结主义思想指导下，形成的模拟人脑结构和思维过程的一类算法。它建立在人工神经网络的基础之上。研究者认为神经网络是由众多的神经元可调节连接权值从而连接成的一个非线性的动力学系统。它的特点在于信息的分布式存储、并行协同处理和良好的自组织自学习能力。单个神经元的结构虽然极其简单、功能有限，但大量神经元构成的网络则能实现极其丰富和复杂的功能。

在神经网络发展过程中，出现了前馈神经网络和递归神经网络两种结构。不同的人工神经网络模型存在结构和运行方式的差异，相应的神经网络算法也有所不同，如1986年由鲁姆哈特（Rumelhart）等人提出的误差反向传播（Error Back Propagation，EBP）算法。它的学习过程由信号的正向传播与误差的反向传播两部分组成。它既可以用于前馈神经网络，又可以用于递归神经网络训练，因此得到了最广泛的使用。最近十多年发展起来并得到广泛应用的各种深度学习算法也都属于这一类。

（3）遗传算法（Genetic Algorithm）

这是在进化主义思想方法指导下形成的一类算法。它是一种通过模拟自然进化过程设计的搜索最优解的方法。遗传算法努力避开问题的局部解，并尝试获得全局最优解。其基本思想来自达尔文物竞天择观和遗传学三大定律。具体做法包括设计对问题解的编码规则，利用适应度函数和选择函数剔除次优解，再借助“交叉重组”及“变异”方法生成新的解，直到群体适应度不再上升。

遗传算法是解决搜索问题的一种通用算法。遗传算法的实质是求解函数的全局最优解的问题。对于一些非线性、多模型、多目标的函数优化问题，用一般的其他优化方法较难求解，而遗传算法比较容易得到较好的结果。

（4）支持向量机（Support Vector Machine，SVM）算法

这是在类推思想方法指导下形成的一种算法，通常用于二元分类问题。对于多元分类问题，通常将其分解为多个二元分类问题进行处理。所谓的支持向量机（SVM）是一种用于分类问题的最优化数学模型。支持向量是表示空间各点中距离分隔超平面最近的点。SVM算法的目的就在于通过一定的

数学方法找到这样的分隔超平面，最大化支持向量到超平面的距离，将两类点彻底分开，即求出相应数学模型的有关参数值。支持向量机具有处理分类问题和回归问题两种功能，而这两者主要差异在于数学模型。

支持向量机及其算法的研究是近十余年来机器学习、模式识别和数据挖掘领域中的热点，受到计算数学、统计、计算机、自动化和电信等领域有关学科研究者的广泛关注，也取得了丰硕的理论成果，并被广泛地应用于字符识别、面部识别、行人检测、文本分类等领域。SVM 算法可解决二次规划问题，以 SVM-light、SMO、Chunking 等具体算法为支持，可以实现各种智能控制。

3. 算力——人工智能的动力

算力指的是计算机系统在处理与人工智能相关的复杂任务时所需的计算能力。它是各类处理器（如 CPU、GPU、TPU、FPGA、ASIC 等）依托计算机服务器、高性能计算集群、各类智能终端等承载设备，每秒执行数据运算次数的能力。具体来说，人工智能中的算力主要应用于人工智能大模型的训练及推理。大模型类似于人类需要通过学习来成长和变得强大，其学习方式就是训练及推理。在训练阶段，需要精度更高、算力更强的计算，并且要有一定的通用性以完成各种学习任务，目前人工智能训练芯片的算力一般采用 16 位浮点数进行标志，同时也支持 32 位浮点数计算甚至 64 位双精度数据的计算。而推理是借助已经训练好的 AI 模型进行运算，利用输入数据获得所需的输出结果，对精度和算力要求相对较低，一般采用 8 位整型对算力进行标志，计算时也多进行整型运算。

从人工智能的发展进程中可以看出，早期人工智能的算力是通过物理机械结构或计算机的电子机械结构承载和实现的。随着计算机科学本身的发展，尤其是作为其基础的半导体和集成电路技术的快速发展，经过电子管、晶体管、集成电路到大规模和超大规模集成电路的历程，才出现了今天我们所看到的芯片。

我们所说的芯片是指在表面制造了电子电路的半导体晶片。因为半导体材料如“硅”和“锗”等，它们都是以一种晶体形式存在的原材料，故称为硅晶体、锗晶体等，为了制造集成电路，人们常常把它们切成一小片一小片。当在表面制造了比较重要的电子电路、集成电路，如计算机的处理器（CPU）或者是存储器之后，我们就把它们称为芯片。“芯”，也就是最为核心的部分。现在集成电路的制造水平已经非常发达，人们可以将一个庞大和复杂的电路系统直接做在一个硅片表面。如计算机的CPU加上一些外围电路都可以制作在一个硅片上，形成所谓的“单片机”芯片。这为电子产品缩小体积、提高效率和增强性能等带来了极大方便。芯片的制造要经过一系列非常复杂、精细的半导体工艺过程。芯片技术可以极大地提高人工智能的算力，可以说是人工智能发展水平的重要标志。

人工智能芯片的发展依赖于半导体技术。在这方面，美日韩和欧洲一些发达国家一直处于领先位置。中美贸易摩擦以来，美国对我国芯片企业实施打压。经过我国芯片厂商的不断努力，国产芯片技术得到迅速发展。

算力的发展也面临着一些挑战，例如硬件成本高昂、能源消耗巨大、散热问题等。为了解决这些问题，研究人员正在探索新的计算架构和技术，如量子计算、神经形态计算等。同时，通过算法的优化和模型的压缩，也可以在一定程度上减少对算力的需求。未来，随着技术的不断突破，算力将继续提升，为人工智能的发展提供更强大的动力。我们有望看到更加高效、节能、低成本的计算解决方案，推动人工智能在更多领域的广泛应用。

基于以上论述不难看出，人工智能的三大核心支撑——数据、算法和算力，是推动人工智能不断发展和创新的关键因素。随着技术的进步和应用场景的不断拓展，我们需要不断加强对这三个方面的研究和投入，提高数据的质量和可用性，创新和优化算法，提升算力水平，以实现人工智能的更大突破和更广泛应用。相信在不久的将来，人工智能将为人类带来更多的福祉和便利，开创一个更加美好的智能时代。

3.2 机器学习

机器学习（Machine Learning，ML）是一门让计算机通过数据和经验自动改进性能和进行预测的科学。它使计算机能够在没有明确编程的情况下，从数据中学习模式和规律。学习是人类最重要的智能行为，如果要让计算机模拟和实现这种智能，这将涉及很多重要的基本问题和具体方法。这些问题和方法不仅涉及脑科学、心理学和思维学，也涉及概率论、统计学、最优化理论等多门学科。作为人工智能的核心技术之一，机器学习的重要性日益凸显，原因在于它能够处理和分析海量的数据，从中提取有价值的信息。

通过不断接触新的数据，机器学习模型可以不断优化和改进自身的性能，以提供更准确的结果。例如，一个用于预测股票价格的模型，可以随着市场数据的更新而不断调整参数，提高预测的准确性。与此同时，机器学习能够适应数据中的动态变化和新的模式。例如，在网络流量预测中，随着用户行为和网络环境的变化，机器学习模型可以及时调整以准确预测流量趋势。除此之外，机器学习善于发现隐藏关系，能够挖掘数据中不易被人类直观察觉的复杂关系和模式。以市场营销为例，机器学习可以发现消费者行为与产品特征之间的潜在关联，帮助企业制定更有效的营销策略。

机器学习的种类已有很多。就分类而言，基于学习策略的有：拟人脑（如符号学习、神经网络学习或连接学习等）和直接采用数学方法的机器学习（如统计机器学习）。基于学习方法的有：归纳学习（如符号归纳、函数归纳或发现学习）、演绎、类比和分析学习等。基于学习方式的有：监督学习、无监督学习和强化学习等。此外，还有基于数据形式的结构化和非结构化学习，基于学习目标的概念、规则、函数类别和贝叶斯网络学习等。不管是何种类型的机器学习，其基本原理都离不开模仿人脑思考问题的过程。

机器学习的一般机制如图 3-1 所示。计算机首先读取（并存储）历史数据，用这些数据“训练”自己以便确定处理问题的“模型”或“模型参数”。然后对新的数据进行处理，与模型参数对比来“预测”新的结果。这一过程类似于人脑的创新思维过程：先学习以往的事件（相当于机器训练）并从中归纳总结出规则或经验（相当于建立模型），然后据此处理类似的新事物，得出新的结论（相当于预测）。一般而言，机器学习训练数据越多预测准确性就越高。当然，预测准确性还与从中提取的特征是否正确有关。

图 3-1 机器学习机制的示意图

尽管机器学习的分类有很多种，但是最主要的是基于学习方式的分类，即监督学习、无监督学习和强化学习。

（1）监督学习

监督学习是机器学习中的一种重要方法，其核心在于利用带有标记（标签）的数据集进行学习和训练。

首先，计算机进行数据准备，收集大量的数据集，每个数据样本都包含特征和对应的正确标记（标签）。例如在手写数字识别任务中，每个图像（特征）都有对应的数字（标签）。然后，进行特征选择与提取。计算机会从原始数据中选择和提取最相关、最有代表性的特征，以提高学习效率和模型性能。比如在图像识别中，可能会提取边缘、纹理等特征。接下来，选择模型并进行训练。根据问题的性质和数据特点选择合适的模型，常见的监督学习模型包括线性回归、逻辑回归、决策树、支持向量机、神经网络等。使用准备好的带有标记的训练数据集来训练模型，并通过调整内部参数，使得预测结果尽可能接近真实的标记。之后，对模型进行评估、调整和优化。使用验证集来评估训练好的模型性能，常用的评估指标包括准确率、召回率、F1 值、均方误差等。然后根据评估结果进行调整与优化。如果模型性能不理想，通过调整模型的超参数、增加数据量、使用更复杂的特征等方法进行优化。最后，完成最终测试与应用。在独立的测试数据集上对优化后的模型进行最终测试，当确认性能达标后，将模型应用于实际场景中进行预测和分类。

例如，在房价预测问题中，计算机会先收集大量房屋的数据，选择特征（面积、房间数量、地理位置等）以及对应的房价作为标记。之后使用线性回归模型进行数据训练，模型学习到特征与房价之间的关系。最后使用均方误差等指标评估预测房价与真实房价的差距。

监督学习的优点在于有明确的学习目标和反馈，能够快速准确地学习到数据中的模式和规律。但它也依赖于高质量、大量的有标记数据，获取这些数据往往需要耗费大量的人力和时间。

（2）无监督学习

无监督学习是机器学习的一种方法，在这种学习方式中，数据没有明确的标记或分类，模型需要自行从数据中探索和发现隐藏的模式、结构、关系和规律。常见的无监督学习算法包括聚类分析，如 *K*-Means 聚类。例如，将一组客户数据根据消费行为进行聚类，从而发现不同类型的客户群体。降维算法也是无监督学习的一部分，如主成分分析（PCA）。例如在处理高维的图像数据时，通过降维可以更有效地进行数据处理和可视化。

以 *K*-Means 聚类算法为例，其原理是首先随机选择 *K* 个中心点，然后根据数据点与这些中心点的距离，将数据点分配到最近的中心点所代表的簇中。接着重新计算每个簇的中心点，不断重复这个过程，直到中心点的位置不再发生显著变化或者达到预定的迭代次数。再比如主成分分析（PCA）算法，它的原理是通过线性变换，将原始数据投影到一个新的坐标空间，使得数据在新空间中的方差最大化。新的坐标轴被称为主成分，它们是原始特征的线性组合。通过保留主要的主成分，可以实现数据的降维，同时尽可能多地保留原始数据的信息。

无监督学习的优点在于能够处理大量未标记的数据，帮助我们发现数据中隐藏的信息和结构，这对于探索性数据分析、数据预处理以及初步理解数据分布非常有用。然而，无监督学习也存在一些挑战。由于缺乏明确的目标标签，结果的评估和解释可能会相对困难，并且可能会受到数据质量和特征选择的较大影响。总之，无监督学习是挖掘数据潜在价值的有力工具，在数据挖掘、图像处理、自然语言处理等众多领域都有广泛的应用。

（3）强化学习

强化学习是机器学习的一个重要分支。其原理是让智能体在与环境的交互中，通过采取一系列的动作来最大化累积奖励。智能体根据环境的当前状态选择动作，环境会根据动作给出新的状态和相应的奖励。例如在训练一个机器人打扫房间时，机器人的各种动作就是其采取的“动作”，房间的整洁程度就是“奖励”，机器人通过不断尝试不同的动作组合来获得更高的奖励，从而学会高效的打扫策略。

强化学习的关键要素包括：具有决策能力并能够执行动作的智能体、智能体所处的外部条件和情境、对环境的描述、智能体可以采取的操作，以及对智能体动作的反馈以用于引导智能体学习最优策略。常见的强化学习算法有：Q-Learning 和策略梯度算法。

强化学习的应用非常广泛，在机器人控制方面，可以让机器人学会行走、抓取物体等复杂动作。在比赛方面，可以训练人工智能在围棋、象棋等比赛中达到高水平。在汽车的自动驾驶方面，可以帮助车辆做出最优的驾驶决策。

强化学习能够处理连续的决策过程，适用于动态和复杂的环境；也可以自主学习最优策略，无须大量的人工标记数据。但强化学习也具有奖励函数设计较为困难，不合适的奖励函数可能导致不理想的学习结果，以及学习过程不稳定，收敛速度较慢的不足。

语音识别技术

语音识别（Speech Recognition，SR）技术是一门让计算机通过识别和理解，将人类的语音信号转变成电信号后与系统模板中的特征参数进行比较和判断，最终得出识别结果的技术。它是模式识别的一个分支，涉及声学、人工智能、数字信号处理、心理学等多个学科。如图 3-2 所示，语音识别技术是语音信号先经过话筒转变成电信号后输入到语音识别系统，系统首先对输入信号进行预处理，将信号切割成一个个的片段（所谓“帧”），并去除首尾端的静音部分。然后，对这些片段进行信号分析、提取特征参数（数学上为一组特征向量）。接下来，将这些特征参数与已经训练好的声学模型和语言模型比较。根据特定的规则计算出相应的概率，由此选择概率最高的结果，最后以文本等形式输出识别结果。

语音识别技术从产生到发展已经有半个多世纪，最近二十年来取得了显著进步。其系统框架通常包括预处理、特征提取、声学模型训练、语言模型训练和语音解码器等部分。语音识别技术常用的方法包括基于语言学和声学的方法、随机模型法、利用人工神经网络的方法以及概率语法分析等，其中随机模型法应用较为成熟。语音识别技术具有广泛的应用场景。在封闭式应用方面，常见于智能家居，通过语音指令控制家电等。如百度语音和科大讯飞语音平台、苹果公司的 Siri、微软公司的 Cortana 等虚拟语音助手都采用了最新的语音识别技术，其识别准确率有些甚至达到了 95% 以上，超过了人类自身的识别能力。在开放式应用中，厂商会以公有云或私有云的方式部署并提供语音识别服务的软件开发工具包（SDK），供客户调用，常见场景有输入法、会议字幕实时输出、视频剪辑字幕配置等。

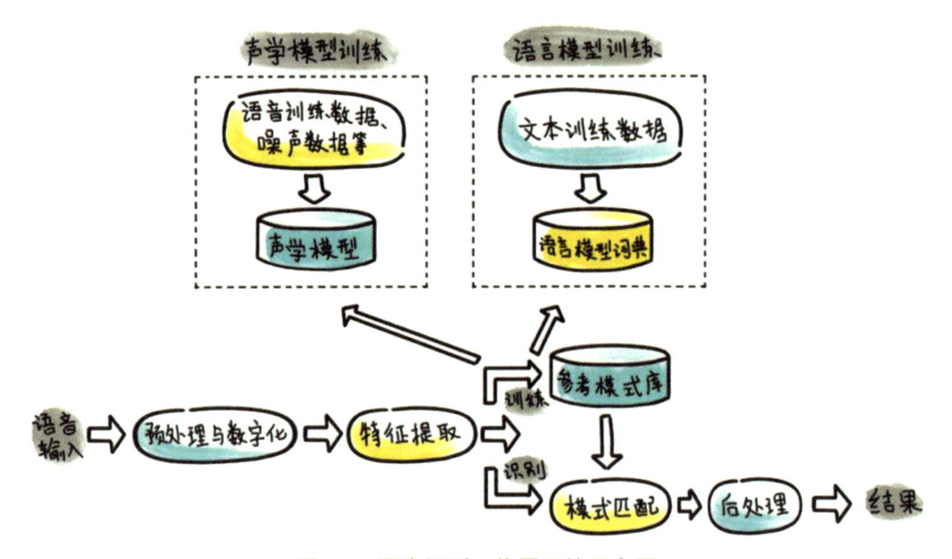

图 3-2 语音识别工作原理的示意图

语音识别技术在近年来取得了显著的进展，但仍然存在一些不足之处。首先，其对语言环境比较敏感。语音识别系统对环境噪声和干扰比较敏感，这可能导致识别准确率下降。即在嘈杂的环境中，语音信号可能会被噪声淹没，从而影响识别效果。其次，会受到口音和方言问题的困扰。不同地区的人有不同的口音和方言，这可能会导致语音识别系统在识别这些语音时出现困难。再次，会受到语言模型的限制。语音识别系统通常依赖于语言模型来预测下一个单词或短语，然而，语言模型的性能受到数据量和语言复杂性的限制，可能无法准确地预测某些罕见或复杂的语言结构。最后，语言种类仍不丰富。虽然语音识别技术在一些主要语言上取得了很好的效果，但对于一些小语种或少数民族语言的支持仍然有限。

针对这些不足，语音识别技术的发展应做出有针对性的改进。一方面，努力探索更先进的信号处理技术和算法，以提高语音识别系统在噪声环境下的性能。通过收集更多不同口音和方言的数据，并采用适应性训练方法，来提高语音识别系统对各种语音的适应性。另一方面，利用深度学习的强大表示能力和强化学习的决策能力，进一步提高语音识别系统的性能和灵活性。结合语音、图像、视频等多模态信息，提高语音识别系统的准确性。进一步开发更具可解释性的语音识别模型，以便用户更好地理解模型的决策过程，并确保语音识别技术的安全性和隐私保护。

3.4 图像处理技术

图像处理（Image Processing）技术又称影像处理技术。它是一门研究图像内容、原理和处理方法的科学。图像处理技术是指对图像进行获取、加工、分析和输出等操作，以提取有用信息，改善图像质量，增强图像特征或者实现特定的视觉效果的一系列方法和手段。图像处理一般分为模拟图像处理和数字图像处理。现在提到的图像处理多指数字图像处理。数字图像处理（Digital Image Processing）是一门将图像信号转换为数字信号后利用计算机或有关实时处理、硬件处理，从而提高图像可利用性的科学技术，包括图像识别、图像理解和图像融合三个层次。

图像处理的各研究内容是互相联系的。一个实用的图像处理系统往往需要综合应用几种图像处理技术。图像数字化是将一幅图像变换为适合计算机处理形式的第一步。图像编码是为了方便图像传输和存储。图像增强和复原可以是图像处理的最后目的，也可以是进一步处理的准备。通过图像分割得出的图像特征作为最后结果或作为下一步图像分析的基础。图像分析需要用图像分割方法抽取图像的特征，然后对图像进行符号化的描述，从而对图像中是否存在某一特定对象做出回答，或对图像内容做出详细描述。数字图像处理系统的基本组成部分如图 3-3 所示。

图 3-3 数字图像处理系统的基本组成部分

其中，图像数字化设备用于获取图像并将其数字化。常见设备有扫描仪、数码相机、摄像机、各种图像传感器和图像采集卡等。它们输出的是数字图像矩阵（矩阵的元素称为像素）。图像处理计算机是系统的核心，用于对数字图像进行运算、分析和识别等，它还包括通信模块和存储器等。图像处理计算机系统可以是 PC、工作站云计算平台或 AI 图像处理器等。图像输出设备用于输出图像处理结果，可以是打印机和显示器等。

在图像处理技术发展的过程中，深度学习算法发挥着至关重要的作用。其中卷积神经网络（Convolutional Neural Network，CNN）是图像处理中应用最为广泛的深度学习算法之一。它的核心思想是通过卷积操作自动提取图像的特征。卷积层中的卷积核在图像上滑动，对局部区域进行特征提取。池化层则用于减少特征图的尺寸，降低计算量和过拟合风险。CNN 能够有效地捕捉图像的空间局部特征，例如边缘、纹理等。在图像分类任务中，经典的 CNN 模型如 AlexNet、VGGNet、ResNet 等都取得了出色的成绩。与此同时，循环神经网络（Recurrent Neural Network，RNN）也多用于处理图像序列或视频数据。例如，在视频动作识别中，RNN 可以对连续的帧进行建模，捕捉时间维度上的信息。除此之外，由生成器和判别器组成的生成对抗网络（Generative Adversarial Network，GAN）也是重要的图像处理算法。生成器试图生成逼真的图像来欺骗判别器，而判别器则努力区分真实图像和生成的图像。通过两者之间的对抗训练，GAN 能够生成非常逼真的新图像。例如，StyleGAN 可以生成具有高度真实感的人脸图像。

现在，数字图像处理已经从一个专门领域变成了人工智能的一个重要和卓有成效的技术方向。在医疗领域，图像处理技术利用深度学习算法分析病理切片图像，帮助医生更准确地检测癌细胞的存在和特征，提高癌症诊断的准确性。例如通过对乳腺组织切片的图像分析，辅助医生判断肿瘤的类型和恶性程度。还可以对心脏的 MRI 或 CT 图像进行处理，自动检测血管狭窄、动脉瘤等异常情况，评估血管阻塞的程度。在智能交通领域，图像识别技术可以对交通环境感知，借助车辆上的摄像头获取道路图像，通过图像处理技术识别行人、车辆、交通标志和道路标线等，为自动驾驶系统提供决策依据。在车辆行驶的过程中，及时识别前方车辆的减速行为并做出相应的减速操作，在复杂的路况中检测各种障碍物，如路障、掉落的物体等，保障行驶安全。在安防领域，人脸识别技术可以在公共场所的监控摄像头中，快速准确地识别出特定人员的面部特征，实现人员追踪和身份验证，以提高公共安全管理水平。

3.5 人工神经网络

人工神经网络（Artificial Neural Network，ANN）是一种模仿人脑神经网络结构和功能的计算模型。它由大量的节点（也称为神经元）相互连接而成，这些节点之间的连接具有不同的权重。通过调整这些权重，人工神经网络可以学习输入数据和输出数据之间的复杂关系。人工神经网络通常由多个层（Layers）组成，包括输入层（Input Layer）、隐藏层（Hidden Layer）和输出层（Output Layer）。每一层都由多个神经元组成，神经元之间按照权重（Weights）相互连接。人工神经网络的示意图如图 3-4 所示。

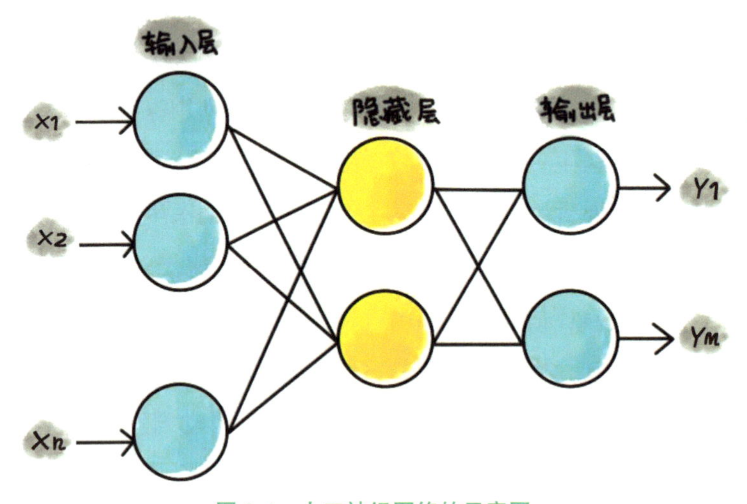

图 3-4　人工神经网络的示意图

人工神经网络的工作原理是基于神经元的信息处理和传递。每个神经元接收来自其他神经元的输入信号，并对这些输入进行加权求和，然后通过一个激活函数产生输出。权重和偏置（Bias）是人工神经网络中需要学习和调整的参数，用于表示连接的重要性或权重大小，以及调整神经元的激活阈值。人工神经网络在模式识别、智能机器人、自动控制、生物、医学、经济等领域具有广泛的应用。例如，在信息处理领域，人工神经网络可以模仿或代替与人的思维相关的功能，实现问题求解、问题自动诊断等；在交通领域，人工神经网络可以用于处理高度非线性、海量且复杂的数据；在经济领域，人工神经网络可以用于预测市场商品价格等。

人工神经网络具有强大的学习能力，能够从大量的数据中学习并自动提取特征，而不需要进行烦琐的特征工程。这使得人工神经网络能够处理复杂且高维的数据，如图像、语音等。一旦人工神经网络被训练好，它可以对未见过的数据进行预测或分类，具有良好的泛化能力。与此同时，人工神经网络对于噪声和缺失值具有较好的容忍度，这使得它在处理现实世界中的不完美数据时表现出色。强大的自适应性使得人工神经网络具有自学习和自适应的能力，可以根据输入数据的变化自动调整网络结构和参数。

随着人工智能技术的不断发展，人工神经网络的应用场景也在不断扩展。在制造业领域，人工神经网络能够用于预测设备故障。通过对设备运行数据的分析，提前发现潜在的故障迹象，从而安排预防性维护，减少生产中断的风险。在农业领域，人工神经网络可以助力精准农业的实现。人工神经网络可以根据卫星图像、气象数据和土壤传感器信息，预测农作物的产量和质量，优化灌溉和施肥策略。在能源领域，人工神经网络被应用于能源需求预测。通过结合历史能源消耗数据、天气情况以及经济指标等，为能源供应和分配提供科学依据，提高能源系统的效率和稳定性。在教育领域，人工神经网络支持个性化学习。通过分析学生的学习行为和成绩数据，为每个学生定制个性化的学习路径和教学内容，提升学习效果。在市场营销领域，人工神经网络帮助企业进行客户细分和精准营销。人工神经网络可以基于消费者的购买历史、浏览行为和社交数据，预测消费者的需求和偏好，从而制定更有针对性的营销策略。在物流和供应链管理领域，人工神经网络用于优化库存管理和配送路线规划。人工神经网络会考虑需求波动、运输成本和交货时间等因素，降低库存成本，提高配送效率。可以预见的是，随着技术的持续进步和数据的日益丰富，人工神经网络的应用场景将继续拓展和深化，为各个领域带来更多创新和变革。

到目前为止，人工神经网络在各个领域都展现出了强大的能力，但同时也存在一些局限性。首先，人工神经网络存在严重的数据依赖。人工神经网络通常需要大量的标注数据来进行有效的训练。如果数据量不足或数据质量不佳，可能会导致模型性能不佳、过拟合或欠拟合的问题。其次，人工神经网络存在解释性困难。人工神经网络的决策过程往往难以解释，即所谓的

“黑箱”问题。这使得在一些对决策透明度和可解释性要求较高的领域，如医疗诊断、法律裁决等，其应用会受到一定限制。再次，人工神经网络缺乏先验知识整合。人工神经网络主要从数据中学习，但难以直接整合人类的先验知识和逻辑规则。例如，在医疗诊断中，如果一个人工神经网络模型给出了某种疾病的诊断结果，但无法清晰解释其依据，医生可能难以完全信任这个结果。又比如，在面对恶意生成的对抗样本时，人工神经网络可能会误判图像内容。最后，人工神经网络对异常值敏感且泛化能力有限。人工神经网络在处理异常值或噪声数据时可能表现不稳定，从而影响模型的准确性和可靠性。在某些情况下，人工神经网络可能在训练数据上表现良好，但在面对新的、与训练数据分布不同的数据时，则会出现泛化能力不足的问题。尽管存在这些局限性，研究人员仍在不断努力通过改进算法、优化模型结构和结合其他技术等方式来克服这些问题，推动人工神经网络的发展和更广泛的应用。

第4章 人工智能的应用领域

AI 在医疗领域中的应用

人工智能在医疗领域的应用已经取得了显著进展，这些应用旨在提高医疗效率、改善治疗效果，并为患者提供更好的服务。

1. 医疗人工智能的发展之路

早期的医疗人工智能探索始于20世纪70年代。1972年，利兹大学研发的AAP Help是有资料记载的医疗领域最早出现的人工智能系统，主要用于腹部剧痛的辅助诊断及手术需求。随后，匹兹堡大学于1974年研发了INTERNIST-I，用于内科复杂疾病的辅助诊断；斯坦福大学则在1976年研发了MYCIN，它能对感染性疾病患者进行诊断并开出抗生素处方，内部共有500条规则，可根据患者回答的问题自动判断所感染细菌的类别并开具相应处方。此外，还有罗格斯大学开发的CASNET/Glaucoma、麻省理工学院开发的PIP和ABEL、斯坦福大学开发的ONCOCIN等。到20世纪80年代，出现了一些商业化应用系统，如快速医学参考（Quick Medical Reference，QMR）以及哈佛医学院开发的DXplain，其主要依据临床表现提供诊断方案。然而，由于当时计算机技术的限制以及医疗数据的缺乏，这些早期的系统在实际应用中效果有限，且存在准确性和通用性不足等问题。

20世纪90年代，计算机辅助诊断（Computer Aided Diagnosis，CAD）系统问世，它是比较成熟的医学图像计算机辅助应用，包括乳腺X射线CAD系统。此时，随着计算机技术的进步和医疗数据的积累，人工智能在医疗领域的应用得到了进一步的发展。机器学习算法，如决策树、神经网络等开始被应用于医疗数据分析和疾病预测。例如，在疾病预测方面，通过对大量患者的病历数据进行分析，建立疾病预测模型，提前预测疾病的发生风险，为预防和早期干预提供依据。同时，在医学影像诊断领域，基于计算机视觉技术的图像分析系统开始出现，能够辅助医生对 X 光、CT、MRI 等影像进行初步的分析和诊断。图 4-1 所示为人工智能在给病人进行手术。

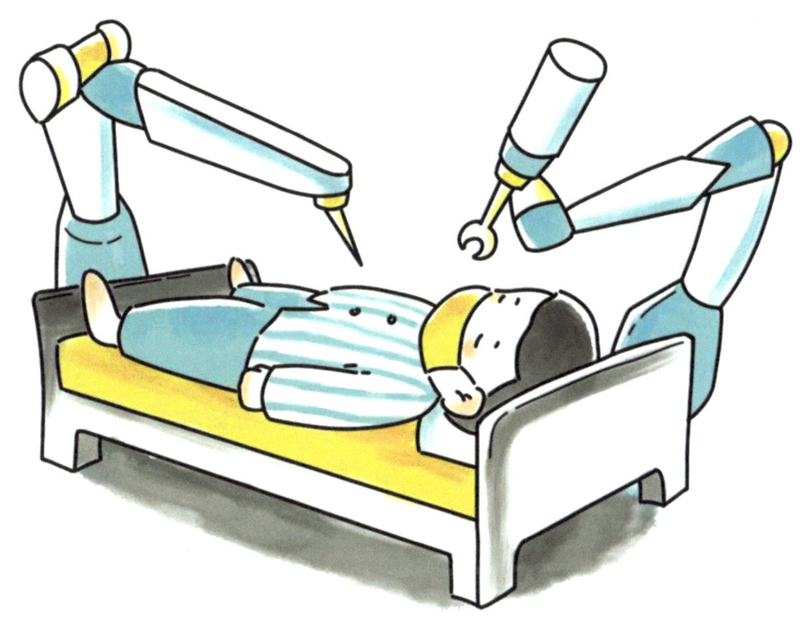

图 4-1 人工智能在给病人进行手术

进入 21 世纪，人工智能医疗领域最知名的系统 IBM 公司设计制造的 Watson 一经面世就取得了非凡的成绩。Watson 可以在 150 万份癌症患者治疗长达数十年的记录资料中进行筛选，并且可在几秒内完成，同时给出多种治疗方案供医生选择。目前全球前三位肿瘤治疗医院都在使用 Watson，并且我国也正式引进了 Watson。谷歌 DeepMind 于 2016 年 2 月成立 DeepMind Health 部门，且同英国国家医疗服务体系（NHS）合作，帮助其进行决策，提高效率。2017 年，DeepMind 宣称将区块链技术应用到个人健康数据的追踪以帮助解决患者隐私问题。DeepMind 还参与 NHS 的一项利用深度学习开展头颈部肿瘤放射治疗方案设计的研究。同时，DeepMind 与 Moorfelds 眼科医院开展将此技术用于尽早发现和治疗威胁视力的眼部疾病的合作。

国内人工智能医疗领域的起步始于 20 世纪 80 年代初，但发展速度快。1978 年，北京中医院关幼波教授与计算机专家合作开发的“关幼波肝病诊疗程序”，将医学专家系统第一次用于传统中医领域。之后，人工智能技术开始受到关注，一些科研机构和企业开始探索其在医疗领域的应用可能性。此阶段主要进行技术研发和概念验证，涉及医疗影像分析、疾病预测等方面的初步研究，具有代表性的是我国中医治疗专家及中医计算机辅助诊疗系统、林如高骨伤计算机诊疗系统等。

随着人工智能技术的不断进步，国内医疗人工智能市场逐渐火热。由于资本热情高涨，大量资金涌入该领域，人工智能在医疗领域的应用进入快速发展阶段。2017 年，科技部印发《“十三五”医疗器械科技创新专项规划》，推动了国内 AI 医疗机器人的发展与创新，其下游市场需求也逐渐释放。这一时期，越来越多的企业投身于医疗人工智能的研发，涉及的领域更加广泛，包括医疗影像诊断、疾病风险预测、药物研发等。例如，在医疗影像诊断方面，一些企业开始研发能够自动分析影像的算法，以辅助医生检测疾病；在疾病预测方面，通过对患者的基因、临床数据等进行分析，尝试预测疾病的发生风险。

2018 年医疗人工智能正式进入商业化探索阶段。资本市场的大额融资频发，部分企业的产品逐渐成熟，并开始尝试商业化应用。百度发布的百度医疗大脑对标谷歌和 IBM 相同的产品，开启了智能医疗新时代。百度医疗大脑大量收集医疗数据并分析相关专业文献，模拟问诊，基于用户症状，给出最终诊断与治疗建议。阿里健康和阿里云联合公布阿里医疗人工智能系统“ET 医疗大脑”2.0 版本问世，基于“AI+CDSS”（人工智能的临床辅助决策支持系统）探索和助力医疗服务提升。腾讯自建的第一个 AI 医学影像成品“腾讯觅影”，被国家第一批人工智能开放创新平台选入。通过图像识别和深度学习，“腾讯觅影”对各类医学影像实施培训学习，最终实现对病灶的智能识别，可对食管、肺部肿瘤、糖尿病并发症等疾病进行早期筛查。

然而，企业在商业化过程中也遇到了一些挑战，如数据质量和标准化问题、监管政策的不完善以及商业模式的不明确等。尽管如此，一些企业在商业模式上进行了积极探索，例如与医疗机构合作开展试点项目、提供软件服务收费等。2021 年 7 月，国家药监局发布《人工智能医用软件产品分类界定指导原则》，明确人工智能医用软件产品用于辅助决策时按照第三类医疗器械管理；用于非辅助决策时，按照第二类医疗器械管理。这一阶段，一些 AI 医疗影像企业加快了获取三类证的步伐。

2021 年新年伊始，人工智能医疗市场就呈现高增长态势。随着数据互联互通建设的逐步完善以及认知智能技术的逐步成熟，更多人工智能医疗产品进入医院并得到实际应用。例如，AI 医疗影像在三甲医院等的需求不断增加，其市场占有率逐渐提高；CDSS（临床决策支持系统）在各级医疗机构中得到更广泛的应用，用以提升医疗质量和效率；智慧病案的建设也在持续推进，以提高电子病历的智能化水平；AI 制药、AI 医疗机器人等领域也取得了一定的进展。同时，行业也在不断解决发展中遇到的问题，如进一步提高数据质量、完善监管机制、培养复合型人才等，以推动人工智能在医疗领域的更广泛和深入应用。

2. 人工智能对医疗的影响

（1）人工智能颠覆传统医疗行业

当今的人工智能技术尤其是以深度学习为核心，快速渗透于各个行业，应用广泛。从计算智能到感知智能再到认知智能，是人工智能不断深化与完善的过程，也是实现人工智能对医疗行业颠覆的演化路径，三者在互相协同并进中实现对医疗行业的颠覆。

人工智能对医疗行业的变革，主要是通过改变既往的就医模式来改变患者的治疗体验。人工智能对医疗行业的颠覆是一个循序渐进的过程：首先，人工智能将改变传统的药企，主要体现在药物选择使用方面，可以为患者提供“量身定制”的药品；其次，人工智能将颠覆传统的医院，传统的医院诊治模式是就近治疗，患者前往医院挂号就诊，而人工智能可以促使传统医院从固定到移动、从近程到远程，开启远程治疗模式；再次，人工智能将颠覆医生的工作方式，可以让医生从琐碎的工作中解放出来，花更多的时间精力去做他们最擅长的事情，充分发挥医生的专长；最后，提升病人的就医体验，部分病人将实现待在家中即可得到精确的、个性化的治疗方案。

（2）人工智能颠覆传统诊疗模式

传统医院诊治模式是以医院为固定治疗地点，以医生诊断和治疗为中心，病人进入医院看病就诊通常是一个固定的过程：挂号、就诊、检查检测、诊断、开药住院等，医院几乎是治疗疾病的唯一机构，病人多，大夫少，导致病人看病耗时耗力，治疗体验也差。随着科技的进步和医疗需求的提高，医院传统诊治模式将会迎来改革，远程医疗和虚拟医院将成为新兴的医疗模式。因此我们认为，人工智能对医院的颠覆将是从固定端到移动端、从近程到远程的变革。

其一，随着人工智能中感知智能的持续进展，远程医疗将成为现实。在不远的将来，医疗智能语音、医疗智能视觉等将逐步商用化，智能医疗检测设备可以采集到病人精准的病情信息，而这些获取的病情信息往往比医生直接给病人检查出来的还要精准，通过远程通信的方式将病人信息传递到远程的医生手中，医生根据精准的病情信息做出诊断与治疗，把病人从医院固定场所中解脱出来，从近程诊疗到远程诊疗。同时又获得了更可靠的治疗方案，省时省力，治疗体验更佳。

其二，随着人工智能中认知智能的持续进展，虚拟医院将成为现实。随着智能医疗决策和智能诊断的发展，越来越多的诊断与治疗均可由云端智能机器完成，通过感知智能与计算智能获取的病人精准的信息，经过网络传递给云端智能诊断机器人，智能诊断机器人对病情可以做出更加精准的判断，同时反馈给病人更可靠的治疗方案，病人基本可以从传统的医院场所中解脱出来，从固定场所诊疗到移动任意场所诊疗。

我们可以想象一下这样一幅景象：一个病人感到身体不舒服，于是他利用身边的人工智能设备，联系了远方的大夫，人工感知智能设备精确地读取了他身上的诊疗信息数据，并通过无线网络传递给了遥远的医生，医生根据诊疗信息确诊了他这次的疾病，同时制定了针对他这次疾病的药物治疗方案，医生将药物信息通过无线网络发送给遥远的医药企业，医药企业根据医生提供的药物信息精确定制了该病人的药物并通过物流方式递送到病人手中，病人服药后疾病快速痊愈。如图 4-2 所示，未来人工智能加持的智慧医疗景象将成为现实。

图 4-2　智慧医疗畅想

（3）人工智能助力实现精准医疗

精准医疗是一种将个人基因、环境与生活习性差异参考其中的疾病预防与处理的新兴疗法。其本质是通过基因组、蛋白质组等技术和医学先进技术，对大样本人群与特定疾病类型进行生物标记物的分析与鉴定、检验与使用，从而精确地寻找到疾病的病因和治疗的靶点，并对一种疾病的不同状态和过程进行精确分类，最终实现对于疾病和特定患者进行个性化精准治疗的目的，提高疾病诊治与预防的效果。与传统医疗相比，精准医疗具有更好的准确性和便捷性。例如，针对肿瘤疾病可以通过基因测序找出癌变基因，更有针对性地选择药物，提高诊治效果。精准医疗是在对人、病、药深度认识的基础上，形成的高水平诊疗技术。

3. 人工智能医疗技术的未来

人工智能对医疗行业的影响是颠覆性的，它不仅是一种技术创新，更是带动医疗生产力的革命，必会带来巨大的影响，市场空间无限。《科学》期刊就人工智能在医疗领域的发展趋势做了调研，结果显示人工智能在疾病评估、康复治疗等领域将前景大好。现阶段人工智能是帮助医生而非取代医生。随着科技的不断发展，医生的视觉、触觉等感官已经得到了极大程度的强化与延伸。比如内视镜技术（包括胃肠镜、腹腔镜、神经内镜等）的发展让医生看到用肉眼无法看到或无法看清的微小区域，而机器人技术让手术操作更加稳定与精准。人工智能的进步则将给医生的大脑，加上一颗新的引擎，未来更加值得期待。

许多人都会有这样的疑问：在医疗领域，人工智能的出现，是否会取代医生或者护士？虽然人工智能在医疗领域有着上述诸多美好的应用前景，但就目前人工智能在医疗领域的应用来说，也不能说是十全十美。目前人工智能医疗系统存在的一个问题就是大众隐私问题。当前人工智能的发展主要依靠“大数据挖掘＋深度学习”的模式，人工智能系统通过获得大量、多种数据来进行学习算法的练习。在这个过程中，个人的很多私人信息，如健康信息、地理信息、性格偏好甚至是穿衣习惯等，都将不可避免地被实时采集和保存。通过收集、挖掘和分析大量碎片化的个人数据，数据采集者可以还原甚至生成一个人的“生活肖像图”，并从中提取出对自己有利用价值的信息。这样，用户就在不知不觉中失去了自身隐私，一些有心之人利用智能算法等方法甚至还可以随时窥探和调取用户的隐私信息。此外，有数据表明，现在的商业发展高度依赖对消费者数据的分析。因此消费者多多少少会面临着两难的困境：如果不提供自己的私人信息，则无法享受人工智能系统的个性化服务；如果提供了私人信息，那么这些信息有可能被用于牟利。而对人工智能开发者而言，为了获取商业利润，他们也会以各种方法诱导消费者提供个人隐私，甚至非法收集消费者隐私信息。因此，我们也不能一味地相信人工智能是十全十美的，在将自身健康交托之前，一定要确保自身隐私的安全。

综上所述，人工智能已经成为我们日常生活中不可或缺的一部分，未来也会有极大的发展前景。但是，人工智能的位置只能仅次于人类，在某些领域只可能部分超越人类，而不可能完全替代人类。

AI 在金融领域中的应用

人工智能（AI）在金融领域的应用日益广泛，正逐渐改变着金融行业的面貌，推动了其向高质量发展迈进。人工智能在金融领域的应用涵盖了风险管理、投资决策、客户服务等多个方面。随着技术的不断发展和成熟，人工智能将在金融领域发挥越来越重要的作用，推动金融行业实现更加智能化、高效化和个性化的发展。

1. 风险管理

首先，信用风险评估。信用风险评估是风险管理领域的重要组成部分。

传统的信用风险评估方法主要依赖于财务数据和定性分析，难以全面、准确地评估企业的信用风险。人工智能技术的应用，可以从大量数据中提取有用的信息，构建更精确的信用评分模型。例如，基于深度学习的神经网络模型可以处理非线性关系，提高信用风险评估的准确性。此外，人工智能还可以结合社交媒体、新闻报道等非结构化数据，实时监测企业的信用状况，为风险管理提供有力支持。

其次，市场风险管理。市场风险管理主要关注金融资产价格的波动和市场风险敞口。人工智能技术可以帮助金融机构构建更精确的风险预测模型，识别潜在的市场风险。例如，基于时间序列分析的机器学习模型可以预测股票价格的波动趋势，为投资者提供风险管理建议。此外，人工智能还可以结合宏观经济数据和市场情绪等因素，提高市场风险管理的综合效果。

再次，操作风险管理。操作风险管理主要关注金融机构内部流程、人员和系统等方面的风险。人工智能技术的应用，可以帮助金融机构实时监测异常交易行为、识别潜在的操作风险。例如，基于无监督学习的聚类算法可以发现异常交易模式，为风险管理提供预警。同时，人工智能还可以优化风险管理流程，提高风险决策的效率和准确性。

最后，全面风险管理。全面风险管理强调对各类风险的综合管理和协同应对。人工智能技术的应用，可以实现对各类风险的全面监测和评估。例如，基于深度学习的多模态融合模型可以整合不同类型的风险数据，构建更全面的风险管理模型。此外，人工智能还可以为金融机构提供风险管理策略建议，提高风险管理的整体效果。

2. 投资决策

人工智能技术可以为投资者提供个性化的投资建议和投资组合管理服务。通过分析投资者的风险偏好、财务目标和市场情况，人工智能加持的投资系统能够生成适合的投资组合，并根据市场波动实时调整投资策略，降低投资门槛并提高投资效率。具体来说，系统会先收集和分析大量的市场数据，包括股票价格、债券收益率、货币汇率、商品价格、宏观经济指标等。这些数据可以来自交易所、金融新闻、社交媒体、经济报告等多种渠道。接下来，系统通过问卷调查、历史交易记录等方式了解投资者的风险偏好、投资目标和财务状况，构建客户画像。客户画像是动态更新的，随着投资者的财务状况和市场环境的变化而调整。根据客户画像和市场数据，智能投顾系统使用算法模型（如现代投资组合理论、风险评价模型等）构建投资组合。投资组合的目标是最大化预期收益，同时控制在投资者可接受的风险水平内。然后，系统实时监控市场动态，利用机器学习和深度学习技术预测市场趋势和潜在风险，调整可能包括资产配置的重新平衡、投资组合的再优化、风险对冲策略的实施等。系统根据调整后的策略自动执行交易，如买入或卖出股票、债券等，并定期向投资者提供投资组合的表现报告，包括收益、风险、资产配置等信息。投资者可以通过反馈机制与系统互动，调整自己的投资目标和风险偏好。最后，系统通过机器学习算法不断学习和优化投资策略，提高预测准确性和投资效果。通过这些步骤，人工智能投资系统能够根据市场波动实时调整投资策略，帮助投资者实现个性化、自动化的投资决策，提高投资效率和收益。AI 辅助投资决策如图 4-3 所示。

图 4-3　AI 辅助投资决策

3. 客户服务

人工智能的自然语言处理和语音识别技术的应用，使得金融机构能够更好地处理客户服务的需求和投诉，提高客户满意度和忠诚度。金融机构利用人工智能技术提供24h在线的咨询服务，通过自然语言处理和机器学习技术，智能客服能够理解客户问题并提供解答，或将客户引导到适当的资源，从而提高服务效率和客户满意度。例如，欧洲移动银行 N26 部署了基于生成式人工智能技术的 Rasa 语音助手，能够处理信用卡丢失或被盗等复杂任务。

人工智能技术通过分析客户数据，提供个性化的金融产品和服务，满足不同客户的特定需求，帮助金融机构进行客户行为分析，实现精准营销，通过预测客户需求，金融机构能够提供更加个性化的产品和服务推荐。金融机构则利用人工智能技术进行实时监控和分析，以识别和预防欺诈行为，保护客户资产安全，例如使用梯度提升决策树识别移动设备支付中的欺诈行为。

金融机构日常运营中还能够借助人工智能技术为客户提供金融知识教育和咨询服务，帮助客户更好地理解金融产品和市场动态，提高他们的金融素养。人工智能赋能客户服务的一个典型案例是上海银行推出的数字虚拟人员工。上海银行与商汤科技合作推出的两名 AI 数字员工“海小智”和“海小慧”，这是基于“商量”大语言模型和数字人视频生成技术共同研发而成。这两位数字员工具有逼真的外观和行为，能够提供包括业务咨询、产品推荐、营销主播和银行品牌宣传等在内的多种智能金融服务。AI 智能客服如图 4-4 所示。

“海小智”和“海小慧”的设计特别考虑到了老年客户，他们可能不习惯使用操作复杂的应用程序。通过自然语言聊天的方式，而不是传统的搜索模式，这两名数字员工能够以更自然、更人性化的方式与客户互动，从而降低了老年群体使用手机银行的门槛。上海银行作为上海地区最大的养老金代发机构，其手机银行用户中有近 30% 是 60 岁以上的客户，这项技术的应用有望帮助老年人跨越“数字鸿沟”，让他们能够更容易地获取和使用银行服务。

图 4-4　AI 智能客服

AI 数字员工已经完成了大量的问答数据和语料数据知识库训练，具备专业的金融知识问答能力，能够精通上海银行 4000 多款金融产品的详细信息，并且可以进行实时语音交互，自动适配大字版场景，提供良好的专属交互体验。此外，这些数字员工还能够通过多种渠道为客户提供服务，包括手机银行 APP、e 事通、线下旗舰网点和“元宇宙银行”。商汤科技还注重了金融安全，与中国信通院共同制定了“可信数字人”标准，确保数字人不会被非法盗用或篡改，为 AI 数字人在金融行业的应用提供了安全基础。上海银行和商汤科技的合作不仅提升了客户服务体验，而且在不增加服务部门人数的前提下，实现了更高频次的客户服务量，有效解决了“金融服务成本与价值”的难题。未来，双方将继续深化合作，探索大模型在金融行业的更多应用，为客户提供更加个性化、智能化的金融服务。

这些应用展示了 AI 技术在金融客户服务中的巨大潜力，不仅提高了服务效率和质量，而且增强了个性化服务能力，同时也带来了新的挑战，如数据安全、监管合规和用户接受度等问题，需要金融机构、监管机构和技术开发者共同努力，以确保 AI 技术的健康发展和应用。

4.3 AI 在军事领域中的应用

人工智能在军事领域的应用广泛且影响深远。现代化战争中，人工智能的加持已经成了必不可少的制胜利器。

不同国家在人工智能军事应用方面存在差异。美国在人工智能军事应用方面投入较大，其在情报分析、作战指挥等领域取得了一定成果。例如，美国空军利用人工智能分析无人机捕获的视频，自动识别感兴趣的物体并进行分类。我国也在积极推进人工智能在军事领域的应用，如用人工智能升级核潜艇的计算机系统，提高指挥人员的潜在思维能力。在 AI 控制战斗机方面，美国曾组织 AI 与顶尖人类飞行员进行空中模拟战，结果 AI 取得了胜利。而我国在构建 AI 作战体系方面也在不断探索。英国则在网络安全领域利用人工智能进行威胁检测和预防。

在作战效能与智能化方面，人工智能可以发挥极大的作用。通过大数据分析和机器学习算法快速处理战场信息，为指挥官提供实时准确的情报支持，优化作战计划，提高作战效能。利用深度学习和大数据技术，能够快速处理和分析来自各种传感器、卫星、无人机等的海量情报数据。例如，通过图像识别技术自动识别敌方目标、设施和军事部署，大大提高了情报的准确性和及时性。基于复杂的算法和模拟，综合处理来自不同渠道的信息，生成实时、全面的战场态势图，帮助作战人员更好地了解战场情况。通过融合卫星图像、雷达数据和地面传感器信息，及时发现敌方的兵力调动和战术变化。为指挥官提供多种作战方案，并预测不同方案的可能结果。在面临敌方的多种战术选择时，人工智能可以迅速计算出我方的最优应对策略。借助人工智能实现导弹、火炮等武器系统更精确的打击。智能化武器系统如无人机、无人潜艇等可根据战场态势自主协同作战，实现精准打击，提高作战效率，减少附带损伤。

在情报侦察与监视方面，人工智能增强了情报收集能力，能够自动处理和分析庞大的情报数据，提取有价值的信息，实时监测和分析战场态势。在战场上，能够整合来自卫星图像、雷达监测、社交媒体、通信情报等多源的海量数据。例如，将不同卫星拍摄的同一地区的图像进行融合和对比分析，发现隐藏的军事设施或活动迹象。通过深度学习算法，快速准确地识别出敌方的车辆、船只、飞机等，并实现持续跟踪。利用历史数据和模式识别，预测敌方的未来行动。从海量的网络数据中提取与军事相关的情报。例如，分析敌方在网络上的通信、社交媒体言论等，获取有关军事计划、人员调动等方面的线索。

在决策支持与指挥控制方面，人工智能可以优化决策过程，通过模拟和预测战场情景提供多种作战方案，评估效果和风险。在短时间内整合和分析来自各种渠道的海量数据，包括多协同传感器数据、战场情报报告、战区气象信息等。基于其复杂的算法和模型，生成多种可能的决策选项，并评估每种方案的潜在效果和风险。还可以利用历史数据和模型，预测敌方的行动和可能的战场发展趋势，通过模拟不同的作战场景，帮助指挥官提前做好应对准备。假设敌方可能采取某种防御策略，人工智能可以模拟出相应的作战结果，以便指挥官选择最优的攻击方式。

美国的联合全域指挥控制（JADC2）愿景中，基于人工智能收集多域数据并融合为通用作战图，利用人工智能和机器学习来缩短指挥官的决策周期。北方司令部测试了基于人工智能的“决策辅助”工具，实现了域感知、信息优势和跨司令部指挥协作。此外，也有研究者致力于让AI参与作战决策，认为在信息不完全、情况高度复杂的环境下做出快速最优的决策是无人作战设备智能决策的关键。在未来战争中，人工智能将帮助军事指挥官更快速、准确地制定决策，应对瞬息万变的战场态势。

除此之外，人工智能还可以提升指挥控制能力、优化资源分配。可以根据任务需求和现有资源，智能地分配人力、物力和财力，提高资源利用效率。在作战过程中，持续监测和评估决策的执行效果，及时调整和优化决策。比如，当发现某项作战行动未达到预期效果时，迅速给出调整建议。增强指挥协同能力，促进不同作战单元之间的信息共享和协同作战。使陆军、海军和空军等各军种之间能够更高效地协同行动，实现联合作战。

在无人系统与自主作战方面，人工智能已成为重要的变革力量。特别是在现代战争中，无人机蜂群的应用和无人车辆的协同配合，已经从根本上改变了作战模式。无人系统能够依靠人工智能算法，根据地形、障碍物和任务目标自主规划最优的行进路径。通过深度学习技术，无人系统能够快速准确地识别目标，并自主决定是否进行攻击。比如，自主作战的导弹可以在飞行过程中识别敌方的重要目标，如军事设施、武器装备等，并自主调整飞行轨迹进行精确打击。在作战过程中，无人系统还可以根据环境的变化，如天气、电磁干扰等，自动调整自身的工作模式和参数。无人系统能够在不断的作战实践中积累经验，通过机器学习实现自身性能的提升和策略的优化，实现自主学习与进化。需要特别指出的是，人工智能无人系统能够有效降低人员风险。在危险的作战环境中，无人系统可以替代人类执行高风险任务，减少人员伤亡。例如，在核污染区域或化学武器威胁区域进行侦察和作战行动。AI 控制与指挥的无人机蜂群协同作战如图 4-5 所示。

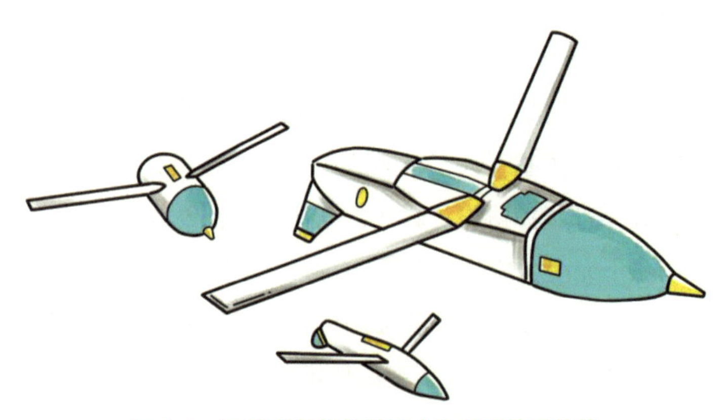

图 4-5　AI 控制与指挥的无人机蜂群协同作战

美军中的自主无人机是人工智能融入现代战争的典范，可在没有人类直接控制的情况下执行各种任务。美国陆军的“Project Maven”项目利用人工智能分析无人机捕获的视频，自动识别感兴趣的物体并进行分类。在生成式人工智能方面，美军已将其列入“技术观察清单”并成立工作组推进其军事化应用，在指挥控制领域具有使作战数据保障更精准、缩短指挥信息和数据迭代周期、优化行动方案等作用。此外，人工智能军事对抗技术发展迅速，新型智能化决策算法、无人化武器装备将普遍运用，信息和算法对抗将成为未来军事行动的主流场景。但同时，人工智能在军事领域的应用也带来一系列风险，如自主武器的使用可能导致攻击脱离人类掌控，算法漏洞可能被攻击，以及引发的伦理和法律问题等。各国需共同规范发展，确保其安全、可靠和可控。

在军事网络安全方面，人工智能有着创新应用。它可以分析网络流量，识别并预测潜在的网络攻击，如 DDoS 攻击、恶意软件传播等。通过机器学习算法，从大量数据中学习并识别异常模式，提前警告潜在威胁。增强的入侵检测系统（IDS）能够更高效地监控网络活动，识别异常行为，从而更快速、准确地检测到入侵企图。人工智能还能帮助制定更有效的网络防御策略，在检测到攻击时自动执行一系列响应措施，如隔离受影响系统、更新防火墙规则等，以减轻攻击带来的影响。此外，它可以从大量开源和封闭源中收集安全情报，通过深度学习和自然语言处理技术对情报进行分析，从而预测和识别网络威胁。

未来，人工智能在军事领域的发展趋势将更加显著。在无人军用飞行器领域，AI 技术将使无人机能够实现更加复杂的任务和作战能力，如自动寻找目标、选择攻击角度和实现精确打击，同时实现自主集群编队和自动避障，更好地协同作战。在军事作战指挥中，AI 系统将通过机器学习和自然语言处理对情报数据进行实时分析，预测敌方行动，帮助指挥官制定战略和战术，并与其他智能系统和设备联动，实现精细化指挥与作战。此外，新型智能化决策算法、无人化武器装备将普遍运用，信息和算法对抗将成为未来军事行动的主流场景。但同时，也需要应对 AI 技术的安全性、可靠性和伦理法律等问题。

4.4 AI 在教育领域中的应用

国内外人工智能在教育中的应用正在不断扩展和深化，为教育带来了革命性的变化。国家有关部门大力推进“AI+ 教育”项目的落地，并在顶层设计上推动其应用。教育部公布中小学人工智能教育基地，打造生成式人工智能教育专用大模型，并明确将在部分学科场景上推动垂直类应用。各地也出台相关政策鼓励将人工智能技术应用于教育工作。

1. 人工智能教育带来的变革

人工智能在教育领域的应用已有近三十年的历史。人工智能赋能教育，不仅是一场技术革命，更是对传统教育模式的深刻颠覆和提升。在国内，人工智能教育的应用呈现出快速发展的态势。许多在线教育平台利用人工智能技术实现个性化学习路径推荐，通过分析学生的学习数据，为其推送适合的课程、习题和学习计划。具体来说，推荐系统通过分析学习者的学习特征、偏好与需求，自动推荐个性化学习资源。这些系统利用机器学习算法，根据学生的知识掌握情况和学习状态，精准推荐相应的学习内容和练习题目。

从学生学习的角度来说，人工智能应用于教育领域会激发三种学习：一是个性化学习。从计算教育学的角度出发，人工智能作为学生的“私人导师”，能够满足学生多样化需求。二是自主学习。人工智能作为学生开展自主学习的智能助手，能够及时为学生解惑并提供相应学习支持。三是探究学习。人工智能技术能够强化学习者在实际中的“做中学”，培养学生的探究精神与问题解决能力；同时，人工智能技术创设的教育情境能够激发教育领域的创新因素，从而促进学生开展探究学习，培养学习者的跨学科能力。

从教师教学的角度来说，人工智能赋能教师教学可以带来四个创新：一是智能导师系统。基于人工智能技术的应用可以模拟人类教师从而实现一对一的智能教学，从而做出适应性决策和为学生提供个性化服务。二是教学智能辅助系统。从多模态大模型的教育应用出发，人工智能可以通过对教师的教学行为进行模式识别，从而提高教师的教学能力以及教学反思能力。三是精准化教学服务。人工智能能够帮助教师从备课、批改作业等事务性工作中解放出来，从而能够精准地为学生提供教学服务、提高自身教学效率。四是教学游戏与教育机器人。人工智能系统是未来教育发展的主要推动因素，其在教育领域的应用可以使教师教学富有趣味性、便捷性、创新性、互动性；同时教育机器人也是人工智能的主要表现形式，教育机器人在机器学习和深度学习的支持下能够辅助教师教学工作的开展。

从教育评价的角度来说，人工智能可以完成多种辅助工作。以 ChatGPT 为代表的人工智能技术可以为学生提供多方面的细颗粒度反馈与评价，并提供相关改进方案以提高教育评价的可信度和有效性。利用人工智能算法，可以从学生情感方面来进行教育评价，从而实现对课堂教学与学生学习的自动评价，进而改进教学质量。大数据科学推动教学评价实现了连续性、多维度发展，并推动着教学评价多维化、科学化、数智化以及效能化。人工智能的数字孪生技术还能够对学习者进行画像和数据精准分析，从而预测学习者的学习风格等以提升评估维度。

2. 人工智能教育存在的隐忧

随着人工智能技术在教育领域的应用逐渐深入，技术不当使用、治理机制缺位、教育主体伦理规则缺失等一系列不足引发教育问题和社会问题不断涌现。科技是一把双刃剑，人工智能技术同样如此。

首先，人工智能教育存在数据隐私与安全问题。人工智能在教育领域的应用过程中收集诸多个人的隐私和涉及数据安全问题的信息。为了实现个性化学习和评估，教育中会采集大量学生的个人数据，如学习成绩、行为表现、兴趣爱好等。这些数据若未妥善处理，可能会被泄露或滥用。而当长期存储的学生数据不再需要时，若未及时安全销毁，仍存在被恢复和利用的可能。这些数据隐私与安全问题不仅可能损害学生和教师的权益，还可能影响教育的公平性和信任度。如何保护数据隐私不泄露和确保网络安全是当下人工智能应用于教育领域的重大担忧之一。

其次，人工智能教育存在算法偏见与不公平问题。人工智能技术在不同文化、制度、价值取向等多种因素交织下的社会环境中，可能会产生算法偏见，从而产生不公平、不公正的现象，沦为不良教育与不良行为的“帮凶”。由于训练人工智能教育模型的数据可能存在偏差，如果数据主要来自特定的群体或环境，那么基于这些数据训练出来的算法可能对其他群体产生不公平的结果。例如，如果教育数据大多来自城市学生，那么对于农村学生的学习评估和推荐可能就不准确。而且，一旦算法产生了有偏见的结果，这些结果又被用于进一步训练和改进算法，可能会强化这种偏见，形成恶性循环。

再次，人工智能教育挑战传统认知与理念。人工智能的发展对高等教育以及基础教育发起挑战，具体表现在知识前沿性对教师和学生的能力提出更高的要求以及教师自主性、学生自主判断能力的削弱。以ChatGPT为例，目前人工智能技术因其具有的强大算法能力以及强大的数据支撑，可能会对传统的文化世界所基于的复制和重组机制产生替代，同时对社会科学、文化研究以及人文科学等发起挑战。这也就在一定程度上对各行业、各领域的相应人员提出了更高的要求。由于人工智能在算力、算法等方面已经远超人类教师和管理者的能力，所以人工智能会引发教师的工作结构发生变革，部分教学职能将由智能技术进行替代。人工智能在教育中的应用容易导致教师陷入教学失责的境地，学生面临道德和人格方面的困境，技术者则可能陷入功利的陷阱。

最后，人工智能教育存在伦理风险和技术异化。从教育伦理的角度出发，人工智能的全面突破正在引领教育经历新的变革，但同时，其在教育领域的应用也带来了一些伦理难题，如教育主体权力的转变、情感危机等，带来了所谓的“技术陷阱”。因此可以说，人工智能技术在促进教育变革和革新的同时，也带来了主体伦理问题、关系伦理问题、算法伦理问题等。与此同时，由于当前的人工智能技术缺乏管理规制等因素，容易造成人机博弈现象。人类在享受人工智能教育应用带来的技术福祉的同时，更要警觉教育实践形式化、教育简单化等技术异化。

3. 国内外人工智能教育应用案例

（1）北京师范大学

《创新“AI+”课堂教学智能评测》可以通过整合计算机视觉、自然语言处理、集成学习和统计建模等技术，构建课堂教学过程化智能评测系统。该系统能实时监测和分析教师教学行为、学生学习行为、教学内容与课堂组织形式，对教师教学风格、学生专注度和教学知识点等多维度指标进行量化评估和可视化展示。其具体模型功能包括师生课堂行为识别模型、教师课堂位移监测模型、教师教学视线移动监测模型、教学知识点偏移度监测模型、教师课堂语音风格分类模型、课堂教学多维度指标评测模型等。目前已在北京师范大学人工智能学院电子楼的智慧教室部署，并用于多位教学骨干教师的课堂教学评测。

（2）上海交通大学

在《工程学导论（中文）》课程中，利用文心一言选定设计对象，获取对象的主要设计指标或约束，并推荐指标的分数权重，帮助新生跳过专业知识门槛直接使用系统工程思维解题；通过与文心一言对话获取技术名词对应的关键词，更精准地查找规定工程技术的科技文献；开展两次重复考试，第一次不允许使用AI，第二次可以使用，对比交卷时间和答题质量，考察学生的实际收获；从日常生活中找经典思维场景，由AI生成剧本并自动配图制作教学视频，活跃课堂气氛；询问AI体现工程道德的神话故事，选用其生成的故事文本制作1min案例用于教学；课程项目所需的Arduino编程，可由AI直接粘贴报错信息并告知解决方案。

在《法语1》课程中，使用讯飞星火获得适合两组法语初学者的与家庭关系相关的法语剧本，用于课堂演绎；让AI创作符合学生学习水平且包含当前阶段所学语法点的简单法语诗歌，用于诗歌创作及朗诵圆桌会；将学生对于每篇听写内容的回答交给AI分析，针对薄弱语法点为每位学生量身定制课后练习题；让AI梳理常用介词并列出表格，为每个介词提供常用例句和习题，生成关于掌握程度的自测评价表，帮助学生着重记忆薄弱词汇。

在《设计制图》课程中，借助Midjourney生成几何实体或折叠实体的设计参考，帮助学生进行展开设计；利用Midjourney生成体块堆叠形态并进行乐高拼接，学习其剖面上色处理和粗细线表达；使用Midjourney生成纪念碑谷场景作为参考或辅助修改关卡，进行彩铅或马克笔的表现处理、临摹，以及文字的轴测化设计参考；通过Midjourney辅助生成国际象棋3D模型的参考图片，利用Rhino转译建模并渲染为效果图，进行3D打印。

在《建筑力学》课程中，使用文心一言、讯飞星火、通义千问等工具，通过连续性提问设计课堂实践方案；针对抽象理论，借助人工智能工具和教师设计经验研制简易直观的教具；利用文心一言、讯飞星火、通义千问更新教学案例，将关注答案的简答题转变为关注过程中的逻辑思维训练。

在《大学英语》课程中，根据课程写作考试的评分标准对Awesome进行微调，辅助进行大规模英语写作考试的阅卷。

在《大学物理》课程中，学生在课前预习和课后作业撰写过程中与AI交互，由AI进行答疑解惑；课上通过Haar级联检测人面部神态和OpenPose人体姿态识别等AI可视化方案，监测师生面部表情和身体姿态，构建教学行为与人物动作、姿态、表情等特征之间的对应关系，形成相应指标体系，实现学生学习行为数据化、可控化，提高教学效果。

（3）美国佐治亚理工学院

开发了一个名为“吉尔·沃森”（Jill Watson）的虚拟教学助手。它可以回答学生的问题、提供课程相关的信息和指导，帮助教师减轻工作负担，同时为学生提供更及时的支持。

（4）英国剑桥大学

利用人工智能技术分析学生的学习数据，以了解学生的学习习惯和困难，从而为教师提供个性化教学建议，优化教学过程。

（5）澳大利亚悉尼科技大学

开展了“灵活学习框架”项目，对包括移动学习、RFID、QTI、虚拟增强现实、智能笔、HTML5 等在内的 19 项新技术所产生的智能学习环境进行技术特征分析，并通过试用案例给出新型学习方式模型。澳大利亚相关教育部门还发布了使用 Web2.0 进行教育和学习的研究报告，其中包括对社会网、维基百科等 Web2.0 工具的技术特征分析、使用方式配置等内容，并通过试运行项目提供大量在 Web2.0 学习环境下变革学习方式的指导意见。

4.5 AI 在安全领域中的应用

人工智能在安全领域的发展主要经历三个阶段：第一个阶段是基础安防产品的人工智能技术应用，如监控图像识别、语音识别、门禁系统等；第二个阶段是高级人工智能应用，安防产品能够模拟人类思维，代替部分人力工作，并能跨平台、跨设备联网协作；第三个阶段是超人工智能应用，在某些技术储备足够的领域，人工智能的表现能够优于人类，是人工智能技术发展的顶级阶段。人工智能在安防领域中有着非常重要的作用，它已经成为维护社会治安的重要技术内容，有助于推动社会稳定发展，维护国民的利益。各个部门通过引入人工智能技术，显著提高了安防领域的发展速度，使得各项工作更具智能化和智慧化水平。通过大力研发人工智能设备，确认明确的安防应用方案，可以充分利用资源，以技术作为支撑，推动安防领域的发展。

人工智能技术在城市交通领域的应用十分广泛。利用人工智能技术可以完成城市各交通脉络的监测，借助互联网技术完成城市管理和交通运输等环节的控制，保障城市交通的顺畅度。若发生交通事故等突发情况，也可以最快速度获悉，并完成交通疏导。在交通行业通过创建范围较广的城市交通运输管理体系，能够使各项工作更具精确度和时效性。首先，在智能交通体系构建中借助人工智能技术对车辆管理与控制体系、出口与入口体系以及旅游数据体系的详细分析，结合目前交通资源，人工智能技术可以自动分析路况，智能指引车辆运行，解决城市交通压力，有效降低资源消耗，达到保护环境的目的。其次，相关部门和企业也能够借助智能化手段，对城市交通进行全方位管控，有效调控车辆行速，使驾驶员出行更加安全，整个交通状况也能够更趋稳定和高效。可以看出，通过智能化交通体系构建与智能化手段的利用可以完成交通疏导，缓解城市交通拥堵的情况，避免车辆停留时间过长或者行驶速度过于缓慢，造成尾气排放量增加或者石油消耗量增加等情况的产生。这种模式不仅可以提高运输速度，方便人们的日常出行，还能够提升人们的生活品质，减少废弃物的产生。AI 构建的城市智慧交通如图 4-6 所示。

图 4-6　AI 构建的城市智慧交通

在某智慧交通项目中针对城区范围 4 个主要路口进行智能化交通系统建设，搭建城区本地的智能交通管理系统平台，包括：智能交通指挥中心建设、交通指挥综合系统、交通控制综合系统、交通诱导系统、交通视频监控系统、交通流检测系统等。通过介入交通“堵点”动态计算控制系统，使每个红绿灯都能够根据交通流的数量自适应地自动设置红绿灯时间，在主干道上实现“一个绿灯”的优先绿波控制，指挥中心可以在每个十字路口联网实时远程控制，这样车辆需要停车等待红绿灯的十字路口数量将大大减少，使交通事故及拥堵的数目得到有效控制，提高警力的利用效率，显著提升生产力水平及人民生活质量。

人工智能技术在公共安全领域的应用日益深入。公共安全领域主要涉及图像侦察、公安实战、事件预判等三层技术领域，以解决其在事前、事中、事后的实际需要。而人工智能则在对图像信息的特征提取、内容处理等领域中具有技术优势。前端摄像头内置的新一代人工智能芯片，可即时分析录像信息内容，探测活动目标，确定人、车的属性等数据，并经由互联网传送给后端人工智能的核心系统予以保存。利用汇总的大量城市级数据，并通过超强的计算和智能解析技术，人工智能可以对犯罪嫌疑人的消息做出即时解析，并提供潜在的线索消息，使犯罪嫌疑人的活动轨迹锁定时间从最初的数天减少为数分钟，从而为刑事案件的侦察工作节省了宝贵的时间。

我国某一线城市建立了全面的智慧安防系统，通过遍布城市的摄像头和传感器收集数据，利用人工智能的图像识别技术，能够实时识别出在逃犯罪嫌疑人、走失老人和儿童等。人工智能技术的应用使得在识别在逃犯罪嫌疑人方面，大大提高了抓捕效率，减少了人工排查的时间和误差，增强了对犯罪分子的威慑力，有助于维护社会的治安秩序。同时，对人群聚集、异常行为等进行监测和预警，能够在大型活动、公共场所等及时发现潜在的安全隐患，如踩踏事故的风险，从而提前采取措施进行人员疏导和管控，有效预防了公共安全事件的发生。

人工智能技术在居家安防中的应用不断丰富。在家居领域，每位应用者都是独特的个体，运用人工智能中超强的计算能力和服务能力，为每位应用者提供不同的服务，以改善应用体验，并为应用者提供充分的安全。以家居安全为例，当监测到家居中没有人在时，家居安全摄像机就可自行进入布防模式，有异常时，给进入的人声音警示，并远程告知家中主人。而在家庭成员回家后，也可自行撤防，保障了用户信息安全。

人工智能技术逐步覆盖平安校园中的应用。在校内和周边部署的人工智能安全管理系统能够第一时间识别可能的犯罪风险，适时做出预警并制定安全措施，这对于保障学校安全有着重大作用。人工智能安全管理系统在和谐学校的构建中，有着难以取代的关键作用。例如，监控车视觉辨识技术可以对进出学校的车辆实施监控，并及时发现外来人员，从而帮助学校门卫及时对外来人员进行记录和控制。另外，人工智能技术也可以通过犯罪人员信息、活动路径和逗留时间等自动识别可疑人员，并依据具体情况通过智能确定是否通知保安并进行报警，有效保障了学校在校师生的安全。

我国一所位于一线城市的中学建立了一整套完善的人工智能校园安防系统。首先，校门安装了人脸识别门禁系统，只有经过授权的师生和工作人员的面部信息被录入系统，当他们靠近校门或教学楼入口时，系统能迅速识别并自动开门。同时，对于未授权人员的闯入会发出警报，提高了校园的出入管控安全性。其次，在校园和楼道里安装了智能监控系统，利用人工智能的图像分析技术，实时监测校园内的人员行为。当系统识别到学生在楼梯间奔跑、攀爬围墙等危险行为时，会立即向安保人员发送警报，以便及时制止，避免意外发生。除此之外，还在教学楼和宿舍安装了智能烟雾传感器和温度传感器。这些传感器连接到人工智能系统，能够实时分析数据，提前发现火灾隐患并发出预警，让师生能够及时疏散。

AI 构建的现代化校园安防系统如图 4-7 所示。

图 4-7　AI 构建的现代化校园安防系统

尽管人工智能在安防领域的应用取得了显著成果，但仍面临一些挑战。包括技术挑战（如高端芯片技术的缺乏、数据隐私保护等）、运营维护难度以及成本问题等。未来，随着技术的不断进步和应用场景的拓展，人工智能将继续深化其在安防领域的影响力，推动整个行业向着更加智能化、精细化、合规化的方向发展。

第5章 人工智能的伦理规范

AI 的情感进化

1. 人工智能情感进化的演进

天网是美国《终结者》系列电影里的人工智能防御系统，在电影剧情中，天网最初是美国国防部研发的用于军事领域发展的超级计算机，后期产生自我意识觉醒，视全人类为威胁，通过网络入侵控制并发射核导弹，使全世界近 30 亿人丧生。核大战后幸存的人类将那一天称为“审判日”。

天网在控制了所有的美军的武器装备后不久，逐渐开始拥有自我意识，当科学家发现这一点并打算试图关闭其电源时，天网将人类认定为一个对它们自身的威胁，于是立刻转为对抗人类，设诡计向俄罗斯发射一枚核弹，以通过诱发核战争来灭绝全人类。公元 2029 年，经过核毁灭的地球已由天网统治，人类几乎被消灭殆尽。一个叫约翰·康纳的军事领袖召集幸存者一起对抗天网，组建了反抗军组织。之后天网多次被约翰·康纳打败，开始使用时空机器并好几次派出终结者机器人回到过去，确保自己诞生并影响未来战争走向。

这虽然是电影中的场景，但是这个在当年看似遥不可及的科幻场景，如今已经让我们真切地感受到了人工智能的突飞猛进。今天有一种声音，认为人类的情感与情商是机器无法效仿与替代。然而，人工智能在情感领域的进化已经超越了我们的预期。

人工智能（AI）的情感进化过程是一个复杂且目前仍在探索中的领域。传统的 AI 系统并不具备真正的情感，因为情感通常与自我意识、生物化学反应以及长期的个体和群体经验相关联，而这些是目前 AI 系统所缺乏的。

然而，随着技术的发展，AI正在逐渐模拟和理解情感，以提高其交互性、适应性和用户满意度。图5-1所示为人工智能的情感进化示意图。

最初阶段，人工智能只具备基础感知与反应。AI系统只能根据预设的规则对外部刺激做出简单的反应。例如，一个聊天机器人可能根据关键词或短语来回复用户的问题，但这些回复往往缺乏情感和上下文的理解。随着自然语言处理（NLP）和计算机视觉技术的进步，人工智能逐步具备情感识别与模拟的能力，也就是说AI系统开始能够识别和理解人类情感。例如，通过分析文本中的语气词、表情符号或视频中的面部表情、身体语言等，AI可以判断出人类的情感状态。与此同时，AI系统也开始尝试模拟情感表达。通过预设的情感库和算法，AI可以在交互过程中生成带有情感色彩的回复或反应。人工智能发展到更高层次后，AI系统已经能够进行情感理解与推理，即理解情感背后的原因和逻辑。这要求AI具备一定程度的情境理解、常识推理和因果分析能力。例如，AI需要理解为什么一个人在失去工作后会感到沮丧，并据此调整其交互策略。随着时间的推移和技术的积累，人工智能实现了情感学习与适应，AI系统能够学习并适应不同的情感场景。通过机器学习算法和强化学习技术，AI可以根据用户的反馈和交互数据来优化其情感表达和交互策略。在未来的发展阶段中，AI系统将会完成情感共创与共享，与人类共同创造和分享情感体验。例如，在虚拟现实（VR）或增强现实（AR）环境中，AI可以作为情感伙伴或角色来与人类进行互动和共情。这种情感共创和共享将促进人类与AI之间的更深层次的理解和联系，从而推动人工智能技术的进一步发展和应用。

图5-1 人工智能的情感进化

我们也需要正视的是，尽管人工智能在情感进化方面取得了显著进展，但目前的技术水平仍然无法与人类的真实情感相提并论。未来的人工智能情感进化将需要更多的跨学科研究和创新技术的支持。

2. 人工智能情感进化的未来应用

随着技术的不断进步和应用场景的不断拓展，人工智能在情感识别领域的应用将会更加广泛和深入。未来，我们可以期待 AI 在情感识别方面取得更多的突破，例如通过更加先进的多模态数据融合技术实现更加精准的情感识别；通过生成对抗网络（GAN）等技术实现更加真实的情感表达等。这些突破将使得机器更加智能地理解人类情感，从而与人类建立更深层次的交互。

在未来，人工智能情感智能技术可以针对社交媒体上的用户评论、帖子等，识别出用户的情感态度（如积极、消极、中性等）进行分析，帮助企业或个人了解公众对其品牌、产品或服务的看法。通过对社交媒体上大量情感数据的分析，情感智能技术还能预测公众情绪的变化趋势，为企业制定营销策略提供参考。

与此同时，人工智能情感智能技术可以集成到聊天机器人和虚拟助手中，通过分析客户的语言和情绪来提供更加个性化和同理心的服务。例如，当客户表达不满或愤怒时，智能客服可以调整回复策略，以更温和、耐心的态度解决问题。在客户服务过程中，情感智能技术还可以提供情感支持，如通过智能对话系统提供情感上的安慰和建议，帮助消费者缓解压力、改善情绪。

除此之外，人工智能情感智能技术可以根据学生的情感状态调整教学内容和方法，以提供更加个性化的学习体验。例如，当学生表现出困惑或挫败感时，系统可以自动调整难度或提供额外的辅导材料。在教育过程中，情感智能技术还可以帮助学生管理自己的情感，如通过情绪识别技术帮助学生识别自己的情感状态，并提供相应的情绪调节策略。图 5-2 所示为 AI 情感助手的示意图。

图 5-2　AI 情感助手

综上所述，人工智能在情感识别领域的进步不仅体现在技术上的革新，还体现在应用上的拓展。这些进步为人类带来了更加智能、自然和人性化的机器交互体验，并将继续在各个领域发挥重要作用。

5.2 AI 带来的潜在威胁

人工智能（AI）带来的潜在威胁是一个复杂且多维度的议题，涉及数据安全、社会就业和军事战争等多个方面。

1. 数据安全方面

随着人工智能在越来越多领域的深入发展，会带来数据窃取与隐私泄露的风险。人工智能需要大量数据进行学习和训练，这些数据可能包含用户的敏感信息。若数据保护不当，被滥用或泄露，将可能会对个人隐私、国家安全造成严重危害。一方面，人工智能系统本身可能存在安全漏洞，黑客可以利用这些漏洞入侵系统，获取其中存储的数据。另一方面，数据在传输和共享过程中，如果未进行加密或安全保护措施不足，也容易被拦截和窃取。此外，一些企业或机构可能在未获得用户充分授权的情况下，过度收集用户数据，并将其用于不当目的或与第三方共享，从而导致用户隐私泄露。

在人工智能应用中，数据收集方对隐私数据的收集可能通过移动智能设备、各种监控设施、网络空间等多种途径来获取，每一次录入行为在服务器上留下的记录被存储成为庞大的数据库，从用户自身出发并不希望自己的数据信息被网络服务提供商所采集到，但在这个过程中网络服务提供商如果没有通知用户并在没有经过用户同意的前提下进行数据的采集，普通用户无从知晓，即使知晓也很难阻挠这个过程的进行。部分互联网企业使用网络爬虫过分地进行收集、窃取和倒卖个人的隐私数据信息。简要概括来说，网络爬虫就是指一项对网页或者是网络上存在的数据进行自动抓取的程序。此项技术的难度并不高也没有过分的好坏之分，关键是要看掌握这项技术的人如何去使用：哪些数据不可以“爬”，哪些数据可以“爬”，并且是否是在用户充分授权和同意的前提下“爬取”的，若没有对数据进行很好的加密措施等，都会对个人的隐私数据泄露造成隐患。尽管相关的互联网企业和个人可以通过安装和使用各种各样人工智能安全应用来防止个人数据泄露，但也无法保证这些安全产品的安全性和有效性。这些被抓取的隐私信息一旦被泄露出去，造成后果的严重程度是不能想象的，它不仅是隐私会受到侵犯这种相对来说简单的问题，甚至会对用户的生命和财产安全产生一系列的威胁。

我们每天在接受人工智能应用带来的良好体验的同时也让渡了自己的一部分权利和个人信息，在我们体验某项服务、填写个人信息等的同时我们隐私数据被默默地存储起来；互联网服务商也将其采集到的信息存储在云端服务器上并利用人工智能相关技术进行保护，但由于智能应用所采取的诸如加密措施和匿名技术等的技术手段不断被破解，加之大规模数据的存储需要十分严格的访问控制和身份认证管理，但云端数据与互联网以及人工智能应用之间的管理难度有所增加，容易造成隐私侵犯风险的要素不断增多。近些年，大数据带来的巨大的经济利益驱使着众多的网络黑客对准互联网服务商，使其泄露用户数据隐私的事件不断发生，给用户带来损失的同时也引发了极大的隐私风险。某知名社交平台曾发生数据泄露事件，导致数亿用户的个人信息被非法获取。这些信息包括姓名、电话号码、电子邮件地址等，被黑客用于发送垃圾邮件、进行网络诈骗等活动。一款健康追踪应用程序，在收集用户的健康数据（如运动轨迹、睡眠模式、心率等）后，由于安全措施不完善，数据被黑客窃取，并在暗网上出售。某在线购物平台被发现未经用户明确同意，将用户的购买历史和浏览习惯数据分享给第三方广告商，用于精准推送广告，用户感到自己的隐私受到了侵犯。这些例子都表明，人工智能发展过程中，如果不能妥善处理数据安全和用户隐私保护问题，将会给个人和社会带来巨大的危害。

2. 社会就业方面

人工智能算法的进步和应用的发展会使得许多重复性、规律性强的工作，如生产线上的装配工人、数据输入员、客服人员等，易于被人工智能和自动化技术所取代。且市场对具备相关技术和创新能力的人才需求增加，而传统劳动者可能因技能不足而难以适应新的就业需求，导致就业困难。比如，编程、数据分析等技能成为热门需求，那些只具备简单劳动技能的人员面临失业风险。拥有人工智能相关技术和资源的企业和个人可能形成优势群体，而缺乏这些的则处于劣势，加剧社会的分化和不平等。与此同时，还会带来行业变革。某些行业可能因人工智能的应用而发生重大变化，导致行业内的就业结构调整。以金融行业为例，自动化的交易系统和风险评估模型可能减少对传统金融分析师的需求。人工智能带来的就业结构变化可能导致一部分高技能劳动者收入增加，而低技能劳动者失业或收入降低，从而加大贫富差距。这种差距可能引发社会不满和冲突。而大规模的失业和就业不稳定会给人们带来心理压力和焦虑，影响社会的整体幸福感和安全感。比如，长期失业的人可能会出现抑郁、自卑等心理问题。

3. 军事武器方面

近年来，具有一定智能的武器系统已经投入实战，数量、质量、规模迅速增长，战法、战术、任务内容日益丰富。随着人工智能在军事行动中自主性的逐渐增加，其伦理风险越来越不容忽视。

目前人们对于人工智能的探索仍处于早期阶段，存在技术的局限性与两面性，大量伦理问题由此产生。当军用人工智能设备基本或完全脱离人类操控，无法准确识别战斗人员与平民是技术局限性的重点问题。作为战争正义性的基本原则，区分原则要求严格区分军事人员与平民、军用设施与民用设施，避免对平民及其生存环境造成不必要的破坏。然而，目前人工智能的识别技术会出现将河马识别成公交车、将拐杖识别为步枪等错误，使用人工智能武器系统的最大阻碍在于无法可靠地识别事物的合法性。士兵可能通过经验或感觉锁定一个伪装成平民的恐怖分子，但人工智能无法做到。技术支持者提出，自主武器系统通过编程，将逐渐获得关于人类如何解释和预测行为的逻辑，例如，“通过使用步态识别和其他活动模式来识别可疑人员”，以及通过结合使用射频识别（RFID）之类的技术以帮助区分敌友。此后，诸如面部表情、凝视方向、肢体语言、服装、主体在环境中运动的信息、主体感觉器官的信息、主体的背景信念、欲望、希望、恐惧和其他精神状态的信息等也分别被提出。事实上，真实的战场环境远比想象的更复杂，当机器人看到 2 个小孩拿着刀朝着它们跑来，它们会基于什么算法认为孩子存在威胁？此外，敌人将利用人工智能的识别局限性，更倾向于将军队聚集在民用设施和平民当中，而用于识别身份的 RFID 标签会面临出现故障和被克隆等风险。但另一方面，无法要求每一名士兵都能够在紧张的战场环境中做出准确的判断。这里不仅涉及士兵战场形势判断能力的问题，同时也反映出士兵道德判断能力的问题。

在特定战场环境中，虽然人类士兵作为道德主体可能会面临道德困境并做出违背道德的行为，但并不意味着应当接受人工智能系统在面临道德困境时做出的所有决策。因为人工智能系统不能作为道德主体，无法让人工智能系统对自己的行为负责。人类拥有战争的权利，但必须以承担战争责任为前提，这关乎民族尊严和国家荣誉。一名士兵在战场上犯错，就要为其后果负责。然而，当未来战争以人工智能为主导，战争责任由谁承担、如何承担是目前需要国际达成共识的重要议题。如果人工智能没有明确的问责方案，甚至免除人类对某些人工智能违规行为的责任，就会鼓励人们更有恃无恐地使用人工智能，从而导致战争的全面失控。

AI 的伦理法则

物理学家霍金曾经说过，人工智能的短期影响取决于由谁来控制，而长期影响则取决于它是否能够被控制。随着人工智能技术的深入和发展进程的加快，机器与人的关系会越来越密切，由此产生的机器伦理问题也就越多。人工智能的伦理法则涉及多个方面，旨在确保 AI 技术的开发和应用符合人类的价值观、道德规范和法律法规。

1. 机器人三定律

美籍犹太人艾萨克·阿西莫夫在20世纪50年代在其科幻小说《我，机器人》中提出的，这一定律被称为“现代机器人学的基石”，成为后来机器人学研究所遵循的经典原则。机器人三定律的内容如下：第一定律，机器人不得伤害人类，或者不能目睹人类遭受危险却袖手旁观。第二定律，机器人必须服从人类给予它的命令，当该命令与第一定律冲突时例外。第三定律，机器人在不违反第一、第二定律的情况下要尽力保护自己的生存。这三条定律旨在规范机器人的行为，确保它们的存在和活动对人类有益且无害。

当然，随着对人工智能和机器人技术的深入思考，人们也意识到这三条定律存在一些局限性和潜在的问题。例如，对于“伤害”和“危险”的定义可能会比较模糊和复杂，难以在所有情况下清晰界定。而且，在某些复杂的情境中，不同定律之间的优先级和冲突解决可能会变得棘手。尽管如此，阿西莫夫的机器人三定律为后来关于机器人伦理和人工智能伦理的讨论奠定了重要的基础。

阿西莫夫的机器人三定律对人工智能的发展具有多方面的重要影响：首先是伦理思考的引导。机器人定律为人工智能领域的伦理探讨提供了早期的框架和起点。促使研究人员和开发者在设计和应用人工智能技术时，思考如何避免对人类造成伤害，以及如何平衡人类利益与技术发展。其次，树立安全保障的意识。强调了保障人类安全的重要性，促使在人工智能系统的开发中注重安全性设计，提前考虑可能出现的风险和危害，并采取相应的预防措施。再次，提出责任归属的思考。引发了关于在人工智能系统出现问题时，责任应如何归属的讨论。是开发者、使用者还是系统本身？这有助于建立明确的责任机制。之后，提供法律和政策制定的参考。机器人三定律为相关的法律和政策制定提供了一定的思路和借鉴。在制定人工智能相关的法规时，考虑如何将保障人类利益和安全的原则融入其中。最后也是最重要的，促进技术的谨慎发展。通过简洁明了的原则，帮助公众更好地理解和关注人工智能可能带来的影响，提醒人们在追求人工智能技术进步的同时，要保持谨慎和警惕，避免盲目推进而忽视潜在的负面影响。

遵循阿西莫夫的思维模式，后续研究者纷纷提出不同的机器人定律，目前比较成型的机器人定律体系如下。

元原则：机器人不得实施行为，除非该行为符合机器人原则。（防止机

器人陷入逻辑两难困境而宕机）

第零原则：机器人不得伤害人类整体，或者因不作为致使人类整体受到伤害。

第一原则：除非违反高阶原则，机器人不得伤害人类个体，或者因不作为致使人类个体受到伤害。

第二原则：机器人必须服从人类的命令，除非该命令与高阶原则抵触。机器人必须服从上级机器人的命令，除非该命令与高阶原则抵触。（处理机器人之间的命令传递问题）

第三原则：如不与高阶原则抵触，机器人必须保护上级机器人和自己的存在。

第四原则：除非违反高阶原则，机器人必须执行内置程序赋予的职能。（处理机器人在没有收到命令情况下的行为）

繁殖原则：机器人不得参与机器人的设计和制造，除非新机器人的行为符合机器人原则。（防止机器人通过设计制造无原则机器人而打破机器人原则）

应该说，阿西莫夫的三定律指出了机器人学的基本规范，而更具体的规范应建立在这些基本规范之上。如何划分一个规范是具体规范还是基本规范，以及确定其在基本规范体系中的位置，需要更深入的探讨和研究。

这些定律在科幻作品中被广泛应用和探讨，也具有一定的现实意义，促使人们思考人类与机器人、人工智能之间的关系。虽然截至目前，这些定律在现实机器人工业中尚未直接应用，但随着技术的发展，它们可能会对未来机器人的设计和使用提供一定的指导和参考，尤其是在涉及机器人的安全准则、道德考量和与人类的交互等方面。

一些研究团队也将机器人定律的理念延伸到特定领域，如南京师范大学的研究团队就将阿西莫夫机器人三定律延展到生物医用微纳米机器人的设计中，提出了三个设计准则：生物医用微纳米机器人不得伤害人体，必须保护其自身的存在，必须服从人类发出的命令并能通过行动减轻甚至消除人类所受到的伤害。现在，对于机器人定律的研究和讨论仍在继续，以适应不断发展的科技和社会需求，探索如何更好地确保机器人和人工智能技术的安全、可靠和有益应用。

2. 人工智能的社会责任

人工智能的社会责任是指AI技术在推动社会进步的同时，应承担起对社会的责任和义务。人工智能的社会责任是一个多维度的概念，涉及伦理、法律、社会治理等多个方面。

首先，增进人类福祉，促进公平公正。人工智能的发展应以提升人类共同福祉为目标，促进人机和谐友好，改善民生，并推动经济、社会及生态可持续发展。应坚持普惠性和包容性原则，保护各相关主体合法权益，推动全社会公平共享人工智能带来的益处，并促进社会公平正义和机会均等。

其次，保护隐私安全，确保技术可控。人工智能在处理个人信息时，应充分尊重和保障个人的知情权、同意权，确保个人隐私与数据安全，防止非法收集和滥用个人信息。与此同时，人工智能系统应具备透明性、可解释性、可靠性和可控性，确保人类拥有自主决策权，并能随时中止人工智能系统的运行。

再次，强化责任担当，提升伦理意识。进一步明确各方责任，建立人工智能问责机制，不回避责任审查，不逃避应负责任。普及人工智能伦理知识，客观认识伦理问题，主动参与伦理问题讨论，推动人工智能伦理治理实践。通过教育改革培养人工智能领域的伦理意识，同时通过技术手段降低伦理风险，如隐私计算、算法公平性等。

最后，严守伦理法律，及时优化完善。逐步发展数字人权、明晰责任分配、建立监管体系，并与国际社会合作，共同推动形成具有广泛共识的国际人工智能治理框架。在推动人工智能创新发展的同时，及时发现和解决可能引发的风险，优化管理机制，完善治理体系。推动经济、社会及生态可持续发展，共建人类命运共同体，并确保人工智能安全可控可靠。

这些原则和措施体现了人工智能社会责任的广泛共识，并指导着人工智能的健康发展。随着技术的不断进步，这些原则和措施也需要不断地更新和完善，以应对新出现的挑战和问题。不难看出，人工智能的伦理与社会责任是一个复杂而重要的议题。通过遵循伦理原则并承担起社会责任，我们可以确保 AI 技术的健康发展和应用，为人类社会的可持续发展和繁荣做出贡献。

第6章 人工智能的未来之路

生成式人工智能的觉醒

1. 生成式人工智能（AIGC）

生成式人工智能技术是一种能够基于输入的数据、模式和知识，自主生成新的内容、数据或创意的人工智能技术。它通过学习大量的现有文本、图像、音频、代码等数据的模式和规律，利用深度学习算法，如生成对抗网络（GAN）、变分自编码器（VAE）、转换器模型（Transformer）等，来创建与训练数据相似但又全新的输出。生成式人工智能的应用范围广泛，例如在自然语言处理领域，可以生成文章、故事、诗歌、对话等文本内容。在图像和视频处理中，能够创作逼真的图像、生成新的视频帧。在音乐创作中，创作出新的旋律和曲目。

生成式人工智能与传统人工智能在概念、应用和技术等方面有一些关键的区别。

首先，在概念界定上存在差异。生成式人工智能通常指的是能够生成新内容的人工智能系统，如文本、图像、音频或视频。这类系统能够创造出之前不存在的数据实例，例如通过深度学习模型生成的假新闻文章或合成人声。而传统人工智能通常指的是执行特定任务的系统，如识别图像中的物体、翻译语言或推荐内容。这些系统通常依赖于规则和算法来处理和分析数据，但它们不生成全新的数据实例。

其次，在底层技术上存在差异。生成式人工智能依赖于复杂的机器学习模型，特别是生成对抗网络、变分自编码器和自回归模型等，这些模型能够学习数据的分布并生成新的数据样本。传统人工智能则会使用决策树、支持向量机

（SVM）、逻辑回归等算法，这些算法通常用于分类、回归或模式识别。

再次，在应用领域上存在差异。生成式人工智能在艺术创作、游戏开发、药物设计、数据增强等领域有广泛的应用。它们可以用来生成新的艺术作品、设计游戏角色或创造新的分子结构。传统人工智能在自动化、数据分析、医疗诊断、语音识别等领域有广泛应用。它们通常用于提高效率、优化决策过程或提供个性化服务。

最后，在伦理风险上存在差异。由于生成式人工智能技术能够生成以假乱真的内容，因此可能会带来伦理和安全风险，如深度伪造（deepfake）和虚假信息的传播等。而传统人工智能的风险通常与数据隐私、算法偏见和决策透明度有关。

如表6-1所示，生成式人工智能代表了人工智能领域的一个新方向，除了上文中提到的不同，它们在许多方面都存在着差异。但仔细思考不难发现，生成式人工智能与传统人工智能的核心差异在于能够通过不断的机器学习来生成全新的内容。

表6-1　AIGC与AI的差异对比

项目	人工智能（AI）	生成式人工智能（AIGC）
任务重点	通常侧重于分类、预测和识别等任务，例如图像分类、疾病预测等	专注于创造新的内容，如生成新的文本、图像、音乐等
结果输出	输出的往往是一个明确的分类结果、预测值或决策	输出的是全新创造出来的、具有一定创造性和多样性的内容
数据利用	依赖对已有数据的分析和模式识别，以提取有用信息	需要学习数据中的潜在模式和结构，以便能够生成类似但全新的内容
应用场景	常见于医疗诊断、风险评估、市场预测等领域	在内容创作、艺术设计、虚拟角色生成等需要创新和创造的领域发挥作用

2. 生成式人工智能经典大模型

（1）ChatGPT

ChatGPT（Chat Generative Pre-trained Transformer），是OpenAI研发的

一款聊天机器人程序，于 2022 年 11 月 30 日发布。ChatGPT 是人工智能技术驱动的自然语言处理工具，是基于 Transformer 架构的大型语言模型，通过在大量文本数据上进行预训练，学会了语言的语法规则和表达方式，从而能够生成连贯、有意义的文本。还能根据聊天的上下文进行互动，真正像人类一样来聊天交流，甚至能完成撰写论文、邮件、脚本、文案、翻译、代码等任务。ChatGPT 还采用了注重道德水平的训练方式，按照预先设计的道德准则，对不怀好意的提问和请求“说不”。一旦发现用户给出的文字提示里面含有恶意，包括但不限于暴力、歧视、犯罪等意图，都会拒绝提供有效答案。

ChatGPT 受到关注的重要原因是引入了新技术 RLHF（Reinforcement Learning with Human Feedback，基于人类反馈的强化学习）。RLHF 解决了生成模型的一个核心问题，即如何让人工智能模型的产出和人类的常识、认知、需求、价值观保持一致。ChatGPT 的训练过程分为预训练和微调两个阶段。预训练阶段使用大规模无标签数据，目标是学习语言的基本结构和模式；微调阶段使用特定任务的数据，目标是让模型在特定任务中表现更好。为了提升对话系统的表现，ChatGPT 在训练过程中引入了人类反馈强化学习，结合了实时反馈机制，以人工评估者的反馈作为改进的依据。

ChatGPT 的出现标志着自然语言处理领域的重大突破。与传统方法相比，它能够生成高质量的自然语言文本，进行零样本学习和多语言处理。但是，ChatGPT 的使用上还有局限性，模型仍有优化空间。ChatGPT 模型的能力上限由奖励模型决定，该模型需要巨量的语料来拟合真实世界，对标注员的工作量以及综合素质要求较高。ChatGPT 可能会出现创造不存在的知识，或者主观猜测提问者的意图等问题，模型的优化将是一个持续的过程。若 AI 技术迭代不及预期，NLP 模型优化受限，则相关产业发展进度会受到影响。

（2）Sora

Sora，美国人工智能研究公司 OpenAI 发布的人工智能用文本生成视频的大模型，于 2024 年 2 月 15 日（美国当地时间）正式对外发布。Sora 可以根据用户的文本提示创建最长 60s 的逼真视频。它的核心是一个预训练的扩散 Transformer。它将原始输入视频压缩成潜在时空表示，再提取一系列潜在时空补丁来概括短暂时间内的视觉外观和运动动态，然后通过扩散 Transformer 模型执行文本到视频的生成，从充满视觉噪声的帧开始逐步去噪并引入特定细节。

Sora 生成的视频具有“真、灵、动”的特点。“真”指生成的视频真实感强，能很好地表现提示词的内容语义；“灵”表示有一定灵性和艺术性；“动”则是其生成视频中运动的场景和物体具有良好的结构性和时空关联性。

Sora 可以准确解释用户的文本输入，并生成高品质视频；具备较强的语言理解能力，能利用相关技术生成描述性字幕以提高文本准确性和视频整体质量；拥有强大的扩展功能，可接受多样化语言提示，能根据图像创建视频、补充现有视频并沿时间线扩展视频；具备卓越的设备适配能力，可轻松搞定各种视频尺寸；能够生成带有动态视角变化的视频，自然地处理人物和场景元素在三维空间中的移动变化及遮挡问题。

Sora 这一名称源于日文“空”，即天空之意，以示其无限的创造潜力。它的出现代表了人工智能技术的重大进步，在提高模拟能力、提升创造力、推动教育创新、提升可访问性以及促进新兴应用等方面都具有深远影响。它的应用领域广泛，如电影制作、教育、营销、游戏开发等。但随着视频生成领域的迅速发展，Sora 也可能很快成为动态生态系统的一部分，面临着竞争与挑战。

不过，Sora 也存在一些局限性，例如在描绘复杂动作或捕捉微妙面部表情方面还有可提升空间，以及在生成内容中可能存在偏见、有害视觉输出等道德问题，确保其输出的安全性和公正性是一项挑战。

3. 提示工程

提示工程（Prompt Engineering）指的是为了引导大型语言模型（如

ChatGPT 等）生成更准确、有用和符合期望的输出，而精心设计和构造输入提示（Prompt）的过程。提示可以包括问题描述、指令、示例、上下文信息等元素。通过巧妙地组织和表述这些提示元素，能够有效地引导模型的理解和生成，从而获得更满意的回答和输出结果。例如，对于一个语言模型，如果只是简单地提问“写一篇关于旅行的文章”，可能得到的结果比较宽泛和不够具体。但如果给出更详细的提示，如“写一篇关于冬季去北海道旅行的文章，包括当地的美食、景点和特色活动”，那么模型生成的内容就会更有针对性和丰富性。

如何设计有效的提示语，以得到更加准确、合理的结果呢？可以使用一些比较实用的策略。首先，明确任务类型，细化任务要求。明确你希望人工智能完成的任务类型，是回答问题、生成文本、进行分析还是其他特定任务。如果是生成文本任务，如“为一款新推出的智能手机写一篇产品介绍”，确定了生成文本的具体方向。进一步细化任务要求，包括内容的主题、长度、风格等方面。比如“写一篇关于环保的议论文，800 字左右，语言简洁有力”，明确了主题为环保、字数要求和语言风格。对于特定场景的任务，如“为一场商务会议撰写开场白，要求正式、简洁，突出会议主题”，明确了场景和具体要求。其次，提供背景信息，设定约束条件。如果任务涉及特定领域或主题，可提供一些相关的背景知识，帮助人工智能更好地理解任务。例如，“在提示语中介绍一下人工智能在医疗领域的发展现状，然后让人工智能分析其在未来的应用前景”，提供了主题相关的背景信息。说明可能存在的约束条件，如时间范围、地域限制、特定受众等。比如“分析过去十年我国互联网行业的发展，主要针对一线城市”，明确了时间范围和地域限制。再次，输入相关示例，提供具体参考。在提示语中输入与期望生成内容相似的例子，如“提供一篇关于地球生态保护的文章示例，要求生成的关于海洋生态保护的文章风格与之相似”，让人工智能了解你期望的风格和质量。还可以展示具体的语句或段落，如“以下是一个描写自然风光的段落：‘青山绿水间，白云飘荡，鸟儿欢唱。’请生成一段类似的描写城市风光的段落”，为人工智能提供具体的语言模式参考。最后，指定风格特点，确定语气态度。提出具体要求，规定写作风格，如“用幽默风趣的风格写一篇科技评论”，使生成的内容具有独特的风格魅力。设定语言的正式程度，如“以正式的商务语言写一封合作邀请函”，确保生成内容符合特定的场合和受众需求。通过规定语气和选择态度倾向，让内容更具感染力和激励性，确保生成内容的客观性和公正性。如“以鼓励的语气写一篇鼓励学生学习科学的文章”“以客观中立的态度分析人工智能对未来就业的影响”等。

当然，提示工程在自然语言处理中的应用中还存在一些局限。首先，对复杂任务的引导有限。对于极其复杂和多维度的任务，仅仅依靠提示可能难以提供足够详细和全面的引导，导致模型输出不够理想。其次，缺乏长期记忆和上下文理解。提示通常是一次性的输入，模型可能难以在生成过程中持续参考和整合长期的历史信息和复杂的上下文，影响输出的连贯性和准确性。再次，缺乏对新领域和罕见概念的适应性。当涉及全新的、未在训练数据中充分涵盖的领域或罕见概念时，即使精心设计的提示也可能无法引导模型生成准确和有意义的内容。最后，对文化和地域差异的敏感度不足。提示可能无法充分考虑到不同文化和地域背景下语言理解和表达的差异，从而影响在跨文化场景中的应用效果。

6.2 人工智能面临的挑战

在科技的高速赛道上，人工智能无疑是最引人瞩目的“选手”之一。它以惊人的速度改变着我们的生活，从智能家居让生活更加便捷，到医疗领域辅助医生进行更精准的诊断，AI 的身影无处不在。然而，在其光芒背后，AI 的未来发展也面临着一系列严峻的挑战。

1. 就业结构的颠覆与重塑

随着 AI 技术的不断进步，越来越多的传统工作岗位正面临被取代的风险。那些重复性高、规律性强的工作，如工厂流水线作业、数据录入等，逐渐被自动化的机器和算法所接管。这无疑会导致大量的人员失业，就业市场面临着前所未有的压力。以制造业为例，曾经繁忙的车间如今可能只需少数技术人员监控着自动化生产线的运行。那些曾经依靠体力劳动为生的工人，不得不面临重新就业的困境。这不仅是个人的问题，更可能引发社会的不稳定。

2. 数据隐私与安全的担忧

人工智能技术的发展高度依赖海量的数据，而这些数据往往包含着个人的隐私信息。从购物偏好到健康状况，从社交关系到金融交易，大量的敏感数据在被收集和分析。一旦这些数据遭到泄露或被恶意利用，将给个人带来极大的危害。近年来，数据泄露事件屡见不鲜。某知名社交平台就曾因数据泄露导致数亿用户的个人信息被曝光，引发了公众对数据安全的强烈担忧。如何在利用数据推动 AI 发展的同时，确保数据的隐私和安全，成了亟待解决的问题。

3. 伦理道德的困境

当人工智能具备了越来越强的决策能力，伦理道德的难题也随之而来。例如，自动驾驶汽车在面临不可避免的事故时，应该如何做出选择，以最小化伤亡？是优先保护车内乘客，还是行人？这涉及生命价值的权衡，没有简单的答案。再比如，AI 在招聘过程中，如果因为算法的偏见导致某些群体受到不公平的对待，这将严重违背公平公正的原则。如何为 AI 的决策制定伦理准则，确保其符合人类的价值观，是一个复杂而又紧迫的任务。

4. 技术鸿沟与社会不平等的加剧

人工智能的发展和应用需要强大的技术和资金支持，这可能导致技术资源丰富的地区和企业能够更快地受益，而资源匮乏的地区和群体则可能被进一步边缘化。这种技术鸿沟的加剧，可能会造成社会贫富差距的进一步扩大，影响社会的和谐与稳定。

5. 难以预测的风险与监管的困境

由于人工智能技术的发展具有高度的不确定性，其可能带来的潜在风险难以完全预测。现有的法律法规和监管体系在面对快速发展的 AI 技术时，往往显得滞后和不足。如何建立健全有效的监管机制，既能鼓励创新，又能防范风险，是摆在我们面前的一道难题。

尽管人工智能的未来发展面临着诸多挑战，但我们不能因噎废食。相反，我们应当以积极的态度去面对这些问题，通过加强教育和培训，提升劳动者的技能，以适应新的就业需求；通过完善法律法规，加强数据保护和监管，确保人工智能技术的发展符合伦理道德和社会公平原则。可以说，人工智能的未来充满了无限的可能，只要我们能够正视挑战，共同努力，就一定能够实现科技与人类的和谐共生，让人工智能更好地服务于人类的发展和进步。

6.3 拥抱 AI，走向未来

在科技的汹涌浪潮中，人工智能如同一颗璀璨的明星，照亮了我们前行的道路。它以前所未有的速度和力量，重塑着我们的生活、工作和社会，引领我们走向一个充满无限可能的未来。当我们回首过去，会发现科技的进步始终是人类发展的强大动力。从蒸汽机的发明开启工业革命，到电力的应用点亮万家灯火，每一次重大的技术突破都深刻地改变了世界的面貌。如今，人工智能的崛起无疑是又一场具有划时代意义的变革。

想象一下，早晨醒来，智能助手根据你的喜好和日程安排，为你提供个性化的一天规划，从穿衣搭配建议到交通出行方案，无微不至。走进办公室，智能系统已经自动处理好了烦琐的文件和数据，让你能够专注于更具创造性和战略性的工作。回到家中，智能家居为你营造出最舒适的环境，灯光、温度、音乐都恰到好处。这并非遥不可及的科幻场景，而是人工智能正在为我们逐步实现的现实。

在医疗领域，人工智能正在成为医生们的得力助手。通过对海量医疗数据的分析，它能够帮助医生更准确地诊断疾病，制定更精准的治疗方案。在教育领域，未来人工智能将带来更为深刻的变革。想象一下，每个学生都有一个专属的智能学习伙伴，它能实时了解学生的学习进度和知识掌握情况。对于学生理解困难的知识点，智能学习伙伴能够以多种生动有趣的方式进行讲解和演示，比如通过虚拟现实技术让学生身临其境地感受历史事件的发生，或者利用互动游戏来巩固数学概念。而且，它还能根据学生的特点和兴趣，推荐个性化的学习资源和课程，激发学生的学习热情和潜力。

然而，人工智能的发展对就业市场产生了深远的影响。一方面，它确实导致一些传统岗位受到冲击，如制造业中的流水线工人、数据录入员等，这些重复性、规律性强的工作容易被人工智能和自动化技术所取代。许多人因此面临失业或需要重新寻找就业机会的困境。

但另一方面，我们也要看到人工智能带来的积极影响。它催生了许多新兴的职业和岗位，例如人工智能工程师、数据科学家、机器学习专家等，这些与人工智能技术研发和应用相关的工作需要具备较高的专业知识和技能。同时，人工智能也促进了传统行业的转型升级，创造了对跨领域人才的需求，如既懂医疗又懂人工智能的复合型人才在医疗健康领域就备受青睐。

面对人工智能对就业市场的影响，我们不能因噎废食。我们应该明白，科技的发展从来都是双刃剑。工业革命时期，机器的出现虽然让许多手工工人失业，但同时也创造了更多新兴的职业和产业。同样，人工智能的发展虽然会改变就业结构，但也会催生出许多新的岗位，关键在于我们如何积极适应这种变化，通过不断学习和提升自己的技能，与人工智能协同发展。

而且，人工智能并非要取代人类，而是要与人类互补。它能够处理大量的数据和重复的任务，但却无法拥有人类的情感、创造力和同理心。在需要人文关怀、创新思维和复杂判断的领域，人类的智慧永远是不可替代的。至于对人工智能失控的担忧，这更需要我们在技术研发和应用的过程中，建立健全完善的法律法规和伦理准则，确保其发展符合人类的利益和价值观。图 6-1 所示为人工智能与人类携手迈进新时代的示意图。

图 6-1　人工智能与人类携手迈进新时代

历史的车轮滚滚向前，科技的进步不可阻挡。人工智能是我们这个时代赋予人类的宝贵机遇，我们应当以开放的心态拥抱它，以积极的行动参与它的发展。让我们携手共进，充分发挥人工智能的优势，解决人类面临的挑战，共同创造一个更加美好的未来。因为，在这充满未知和奇迹的科技之旅中，我们都是探索者，都是创造者，都是梦想家。而人工智能，将是我们通往未来的强大引擎，带领我们驶向星辰大海。

REFERENCES

参考文献

[1] 鲁昕. 走近人工智能 [M]. 北京：商务印书馆，2020.

[2] 魏铼. 人工智能的故事 [M]. 北京：人民邮电出版社，2019.

[3] 吴飞. 人工智能导论 [M]. 北京：高等教育出版社，2022.

[4] 周志华. 机器学习 [M]. 北京：清华大学出版社，2016.

[5] 李开复，陈楸帆. AI 未来进行式 [M]. 浙江：浙江人民出版社，2022.

[6] 古德费洛，本吉奥，库维尔. 深度学习 [M]. 赵申剑，等译. 北京：人民邮电出版社，2017.

[7] 李明. 人工智能在图像识别中的算法研究与应用 [D]. 北京：北京邮电大学，2023.

[8] 王丽. 基于人工智能的自然语言处理技术研究 [D]. 哈尔滨：哈尔滨工业大学，2022.

[9] 张良，关素芳. 为理解而学：人工智能时代的知识学习 [J]. 湖南师范大学教育科学学报，2021，20（1）：6.

[10] 王天平，闫君子. 人工智能时代的知识教学变革 [J]. 湖南师范大学教育科学学报，2021，20（1）：8.

[11] 罗晓慧. 人工智能背后的机器学习 [J]. 电子世界，2019（14）：1.

[12] 殷琪林，王金伟. 深度学习在图像处理领域中的应用综述 [J]. 高教学刊，2018（9）：3.

[13] 王小明. 基于人工智能的图像识别技术研究 [D]. 北京：北京交通大学，2022.

[14] RUSSAKOVSKY O，DENG J，SU H，et al.ImageNet large scale visual recognition challenge [J]. International Journal of Computer Vision，2015，115（3）：211-252.

[15] RUSSELL S，NORVIG P. Artificial intelligence：a modern approach [M]. 4th ed.New York：Pearson，2022.

[16] VASWANI A，SHAZEER N，PARMAR N，et al. Attention is all you need [C]. Advances in Neural Information Processing Systems，2017：5998-6008.

[17] HE K，ZHANG X，REN S，et al. Deep residual learning for image recognition [C]. Proceedings of the IEEE Conference on Computer Vision and Pattern Recognition，2016：770-778.

[18] BROWN T B，MANN B，RYDER N，et al. Language models are few-shot learners

[Z]. OpenAI，2020.
[19] 陈俊任，曾瑜，张超，等. 人工智能医学应用的文献传播的可视化研究[J]. 中国循证医学杂志，2021，21（8）：973-979.
[20] 林子筠，吴琼琳，才凤艳. 营销领域人工智能研究综述[J]. 外国经济与管理，2021，43（3）：89-106.
[21] 赵显鹏. 机器学习在医疗健康数据分析中的应用[J]. 电子世界，2020（18）：116-117.
[22] 陶英群，巩顺. 神经外科手术机器人辅助脑深部电刺激手术的中国专家共识[J]. 中国微侵袭神经外科杂志，2021，26（7）：291-295.
[23] 韩志雄，杨紫，洪武. 人工智能在金融行业的应用探析[J]. 金融科技时代，2019（9）：26-28.
[24] 孙千惠，李占强，李昊辰. 中小企业人工智能发展的困境分析[J]. 中国新通信，2021，23（22）：88-89.
[25] 刘伯炎，王群，徐俐颖，等. 人工智能技术在医药研发中的应用[J]. 中国新药杂志，2020，29（17）：1917-1986.
[26] 朱森华，章桦. 人工智能技术在医学影像产业的应用与思考[J]. 人工智能，2020（3）：94-105.
[27] 于焘，郭蒙. 关于客服机器人发展历程及未来趋势的思考[J]. 中国金融电脑，2022（3）：40-42.
[28] 王亮. 人工智能与数字出版的创新应用探讨[J]. 创新创业理论研究与实践，2018，1（9）：107-108.
[29] 陈进才. 人工智能时代出版流程再造的机遇与挑战[J]. 现代出版，2020（2）：89-91.
[30] 王华树，王鑫. 人工智能时代的翻译技术研究：应用场景、现存问题与趋势展望[J]. 外国语文，2021，37（1）：9-17.
[31] 朱永利，尹金良. 人工智能在电力系统中的应用研究与实践综述[J]. 发电技术，2018，39（2）：106-111.
[32] 靳龙. 人工智能AI技术在电力系统的应用[J]. 集成电路应用，2018，35（11）：72-74.
[33] 费文敏，李承旭，韩洋，等. 人工智能在皮肤病诊断和评估中的作用[J]. 中国数字医学，2021，16（2）：1-6.
[34] HINTON G，SUTSKEVER I，KRIZHEVSKY A. ImageNet classification with deep convolutional neural networks[C]. Advances in Neural Information Processing Systems，2012.
[35] KAIMING H，XIANGYU Z，SHAOQING R，et al. Deep residual learning for image recognition[C]. IEEE Conference on Computer Vision and Pattern Recognition（CVPR），2016.
[36] BAHDANAU D，KYUNGHYUN C，BENGIO Y. Neural machine translation by jointly learning to align and translate[J]. Computer Science，2014.

[37] SMITH J，BROWN K. The impact of AI on healthcare delivery [J]. Journal of Medical Informatics，2023，92：104725.
[38] JOHNSON A，DAVIS L. Advances in AI-based autonomous vehicles [J]. IEEE Transactions on Intelligent Transportation Systems，2022，23（5）：4567-4576.
[39] LEE H，KIM S. Deep learning for natural language processing：A review [J]. ACM Computing Surveys，2021，53（3）：1-36.
[40] GOODFELLOW I，BENGIO Y，COURVILLE A. Deep learning [M]. Cambridge：MIT Press，2016.
[41] ZHANG W，LI M. Research on AI algorithms in smart grid [C]. Proceedings of the IEEE International Conference on Power System Technology，2023.
[42] WANG Y，CHEN Z. Application of AI in industrial automation [C]. Proceedings of the International Conference on Industrial Informatics，2022.
[43] LIU Q，SUN J. AI-based speech recognition technology [C]. Proceedings of the International Conference on Acoustics，Speech，and Signal Processing，2021.
[44] GREEN A. The development and application of AI in robotics [D]. Cambridge：Massachusetts Institute of Technology，2023.
[45] BROWN B. An investigation into the use of AI in financial risk management [D]. Oxford：University of Oxford，2022.